致密砂岩气藏压裂优化设计理论与技术

ZHIMI SHAYAN QICANG YALIE YOUHUA SHEJI LILUN YU JISHU

郭建春　曾凡辉 ◎著

石油工业出版社

内 容 提 要

本书从致密气藏特征及开发难点、压裂井储层质量评价、压裂井诱导应力计算、压裂井射孔参数优化、压裂水平井裂缝参数评价及优化，以及压裂井支撑剂回流及控制等方面，论述和总结了致密气藏压裂优化设计的相关理论与技术研究成果。

本书适合从事水力压裂研究的相关技术人员和管理人员，以及石油院校师生参考使用。

图书在版编目（CIP）数据

致密砂岩气藏压裂优化设计理论与技术/郭建春，曾凡辉
著.—北京：石油工业出版社，2019.4
ISBN 978 - 7 - 5183 - 3122 - 2

Ⅰ.①致…　Ⅱ.①郭…②曾…　Ⅲ.①致密砂岩—砂岩油
气藏—压裂设计—研究　Ⅳ.①TE343

中国版本图书馆 CIP 数据核字（2019）第 024506 号

出版发行：石油工业出版社
　　　　（北京市朝阳区安华里 2 区 1 号楼　100011）
　　　　网　　址：www.petropub.com
　　　　编辑部：(010)64256990
　　　　图书营销中心：(010)64523633　(010)64523731
经　　销：全国新华书店
排　　版：北京密东文创科技有限公司
印　　刷：北京中石油彩色印刷有限责任公司

2019 年 4 月第 1 版　2019 年 4 月第 1 次印刷
787 毫米×1092 毫米　开本：1/16　印张：11.75
字数：296 千字

定价：59.00 元

前　言

致密砂岩气(简称致密气)是典型的非常规油气资源,其分布范围广、开发潜力大,是常规油气资源的重要接替。近年来,随着水平井压裂改造技术的突破,致密气的勘探开发日趋活跃,发展迅猛,已经成为全球非常规天然气勘探开发的重要领域之一。致密气藏增产改造的核心目标是"打碎储层"并形成裂缝网络,主要通过水平井分段多簇射孔和大规模水力压裂实现。如何从系统工程的角度整合优化致密气藏压裂前评估、裂缝与施工参数设计和压裂后支撑剂回流控制,是提高致密气开发效果亟待解决的难题。

全书围绕致密气藏压裂前储层单井"甜点"评价、射孔与施工参数优化、裂缝参数优化以及支撑剂回流控制的关键理论与技术开展研究。为保证内容的完整性和系统性,第一章简要介绍了致密气资源概况及开发难点;第二章建立了一套综合考虑储层储集能力、流动能力以及压裂施工参数的模糊综合评价方法;第三章针对致密气藏储层微裂缝发育的特征,以形成复杂缝网为目标研究了水力压裂垂直裂缝、倾斜裂缝的诱导应力场;第四章针对致密气藏开发的主要井型,对定向井压裂降低近井筒地带裂缝复杂程度和水平井分段多簇压裂形成复杂裂缝网络的射孔参数进行了优化;第五章基于致密气藏水平井段的非均质特征,综合考虑裂缝导流能力与气藏供给能力的匹配关系,开展了针对裂缝参数的评价和优化;第六章紧密围绕致密气藏高压特征,对压裂液返排过程中的支撑剂回流机理与回流控制开展了研究,研究成果可用于指导压裂液返排优化。

本书受到国家杰出青年科学基金项目"低渗与致密油气藏压裂酸化"(编号51525404)、"致密气藏斜井压裂三维非平面不规则多裂缝非线性不稳定渗流理论研究"(编号51504203)和国家科技重大专项"页岩气井体积压裂后返排制度研究"(编号2016ZX05037-004)的联合资助。本书对每个问题进行研讨时,都论述了目前研究的不足,在研究内容和思路上有进一步创新。书中既有较为扎实的理论研究,也有对现场应用的初步探索,突出了理论指导实践的学术思想。

本书由西南石油大学石油与天然气工程学院郭建春教授和曾凡辉副教授著。在本专著的成书过程中,柯玉彪、龙川、程小昭、王小魏、彭凡等在技术研究、资料整理、绘图等方面付出了辛勤的劳动,笔者在此表示特别的感谢。

鉴于笔者知识水平和研究领域的局限,书中错误在所难免,敬请读者批评指正!

著　者
2018 年 11 月

目　　录

第一章

绪论

致密(低渗透)砂岩气藏(以下简称致密气藏)一般是指赋存于砂岩中的,基质孔隙度小于10%、地下渗透率低于0.1mD、含气饱和度低于60%的天然气藏。低渗透气藏是我国的习惯提法,国外一般称为致密气藏。由于影响砂岩渗流的因素众多,不同学者在不同时期对二者有不同的定义,没有统一的标准[1]。

"致密"是一个描述性词语,一般是指在油气勘探开发过程中发现的低渗透、特低渗透储层;由于其物性比常规储层明显要差,一般通俗地冠以"致密"的称呼,意思等同于非储层或者难动用,或者该储层内的油气资源没有经济开发价值。致密储层除了最常见的致密砂岩和致密碳酸盐岩外,还包括致密火成岩和致密变质岩等,但在实际勘探开发工作中主要指致密砂岩和致密碳酸盐岩类。因此,在实际应用中,人们常省去"储层"或"砂岩储层"或"碳酸盐岩储层"等字而简称为致密油、致密气[2]。

需要说明的是,本书涉及的研究内容也只限定在致密气藏。致密气是致密砂岩气的简称,是指夹在或紧邻优质气源岩的致密砂岩中,未经过大规模长距离运移而形成的天然气聚集,由低渗透—特低渗透砂岩储层储集的天然气。致密气藏一般无自然产能,需要通过大规模压裂改造才能形成工业产能[3]。

第一节　致密气藏的内涵

致密气藏属于典型的非常规天然气藏,致密气藏的内涵经历了不同的发展历程。20世纪70年代,美国将致密气藏定义为岩石覆压基质渗透率小于0.1mD的气藏[4]。1980年,美国联邦能源管理委员会规定致密气藏的注册标准是覆压基质渗透率低于0.1mD,而常见的致密气藏的覆压基质渗透率多在0.05mD以下[5]。Spencer等[6]认为地下覆压基质渗透率小于0.1mD的含气储层是致密气藏;Law等[7]也将致密气藏覆压基质渗透率的上限定义为0.1mD;关德师等[8]认为致密气藏是指孔隙度低(<12%)、覆压基质渗透率比较低(0.1mD)、含气饱和度低(<60%)、含水饱和度高(>40%)的砂岩气藏;Holditch[9]从油藏工程角度出发,给出的致密气藏定义是:只有通过水力压裂或采用水平井、多分支井生产才会达到工业气流的天然气藏。

邹才能等[10]将致密砂岩储层地质评价标准定为孔隙度<10%、覆压基质渗透率<0.1mD或空气渗透率<1mD、孔喉半径<1μm、含气饱和度<60%;王朋岩等[11]对国内外典型致密气藏的储层物性数据进行了统计分析,指出0.1mD应当是致密砂岩储层覆压基质渗透率的上

限。本书中界定的致密气藏也是按参考文献[10]所确定的界限。

第二节　致密气藏地质及储层特征

一、致密气藏基本地质特征

致密气的形成主要取决于稳定宽缓的构造背景、大面积分布的优质烃源岩、大面积分布的非均质致密储层，以及源储紧密接触与短距离运移聚集四大要素。由于其特殊的形成条件，致密气藏的主要特征如下[2-3]。

1. 储层物性差、分布面积大

储层物性差是致密气最基本的特征[3]。中国致密砂岩储层多与煤系地层发育有关，酸性沉积、成岩环境以及挤压构造背景，是导致煤系地层形成低渗透储层的主要原因。其中低渗透储层的形成受成岩作用影响较大，主要包括压实作用、胶结作用、交代作用、溶蚀作用和黏土矿物转化作用等。不同成岩作用的影响程度相差较大，一般以机械压实作用、化学压实作用和胶结作用为主。

致密砂岩气储层主要发育在相对稳定的宽缓凹陷与斜坡区，平面上延伸距离可达 $150 \sim 200km$，含气面积大；纵向上多期砂体错综叠置，累计厚度大，一般 $30 \sim 100m$。鄂尔多斯盆地石炭系—二叠系为陆表海缓坡沉积环境的三角洲与分流河道席状砂，透镜状与层状砂体共生，砂体有效厚度为 $6.3 \sim 8.3m$，致密储层展布面积达 $10 \times 10^4 km^2$，含气砂岩面积超过 $3.5 \times 10^4 km^2$；其中苏里格气田探明的盒 8 段气藏面积达 $6.748 \times 10^4 km^2$。四川盆地须家河组须二段为海陆过渡相三角洲沉积，须四段、须六段致密砂体为前陆盆地性质的河道砂和水下分流河道砂体，呈透镜状，砂体有效厚度为 $10 \sim 34m$，含气砂岩面积约为 $3 \times 10^4 km^2$；其中，合川气田探明的须二段、须六段气藏含气面积为 $200 \sim 656km^2$（表 1-1）。吐哈盆地侏罗系致密气在北部山前带、斜坡—凹陷区均有分布，有利面积为 $0.95 \times 10^4 km^2$。

表 1-1　中国主要致密气储层参数对比表[2]

盆地	鄂尔多斯			四川		
油气田	苏里格	榆林		合川		广安
层位	盒 8 段	山 1 段	山 2 段	须二段	须六段	须四段
目的层埋深（m）	$2850 \sim 3600$	$2900 \sim 3700$	$2500 \sim 3000$	$2000 \sim 2200$	$1860 \sim 2560$	$2300 \sim 2650$
目的层厚度（m）	$45 \sim 60$	$40 \sim 50$	$40 \sim 60$	$60 \sim 100$	$94 \sim 172$	$72 \sim 129$
有效厚度（m）	7.8	6.3	8.3	$10 \sim 22$	34.2	10.6
孔隙度（%）	$6 \sim 12$	6.57	6.2	$6 \sim 10$	$1 \sim 8$	$2 \sim 12$
					4.6	5.84

盆地	鄂尔多斯			四川		
渗透率(mD)	0.05~10	0.05~10	0.15~1.2	0.1~0.8	0.1~0.13	0.38
	0.88	0.67				
地层压力(MPa)	26	25	27.2	30.64	21.63	31~35
含水饱和度(%)	63.7	63.2	74.5	60	53.7	56
含气面积(km²)	67480	4015	1716	656	200	415

2. 资源丰度低,非均质强,局部有"甜点"

致密气的定义与地质要素特征表达了两层潜在含义:一是致密油气虽然大面积连续分布,但是资源丰度低;二是单井一般无自然产能或自然产能低,但是局部存在"甜点"区,即孔隙性和裂缝性。这些"甜点"是致密气藏的富集高产区带[2]。我国主要盆地致密气资源丰度普遍较低,而且变化较大,一般为$(1~4)×10^8 m^3/km^2$。如渤海湾盆地凹陷型致密气资源丰度为$(7.6~9.7)×10^8 m^3/km^2$,四川盆地与鄂尔多斯盆地斜坡型致密气资源丰度为$(0.5~3.9)×10^8 m^3/km^2$(表1-2)。

表1-2　中国主要致密气盆地资源丰度与单井产量统计表

盆地	鄂尔多斯	四川	松辽	吐哈	塔里木库车		准噶尔	渤海湾
地层	C—P	T_3x	K_1d	$J_{1-2}sh$	J	K	J_{1b}	Es_{3-4}
埋深(km)	2.0~5.2	2.0~5.2	2.2~3.5	3.0~3.7	3.8~4.9	5.5~7.0	4.2~4.8	3.5~4.8
有利面积($10^8 km^2$)	3.5~7.7	4.1	5	0.95	0.77	1.9	1.9	1.42
含气面积($10^4 km^2$)	0.4~0.7	0.15	1.5	0.41	0.23	0.57	0.58	0.5
单井产量($10^4 m^3/d$)	1~3	微量~2.3	0.4~15	0.45~9.8	微量~6.6	17.8 (大北101)	—	0.05~5
资源量($10^{12} m^3$)	5.88~8.15	4.3~5.7	1.32~2.53	0.54~0.94	2.69~3.42	0.74~1.2	1.48~1.89	
资源丰度($10^8 m^3/km^2$)	0.5~1.2	1.0~3.9	1~2	3~7	8.7	11.5	2~4	7.6~9.7

非均质致密储层大面积分布是致密气藏的根本特征。在宽缓的凹陷与斜坡地区,由于相带宽、发育稳定,利于形成大面积致密储层。由于沉积环境变化、岩石类型分异、成岩作用不同和构造改造程度差异等原因,导致致密储层非均质性强。储层致密化主要受沉积、成岩和构造作用三大因素控制。沉积环境能量相对较低、成分成熟度和结构成熟度低、杂基含量高等因素是储层致密化的原始条件;破坏性成岩作用(胶结、压实和充填作用等)导致原生孔隙大量减少以及次生孔隙欠发育进一步加剧了储层致密化。

例如,四川盆地安岳须二段储层岩石致密,储层物性较差。由岩心实测物性统计可知,单井平均孔隙度在2.97%~9.23%之间,总平均孔隙度为7.8%,岩心分析孔隙度在0.8%~17.7%之间。由砂岩孔隙度分布直方图(图1-1、图1-2)可见,砂岩孔隙度主要集中分布在6%~10%之间,孔隙度小于7%的岩样占25.38%,而大于7%的岩样占74.62%。对孔隙度大于7%的岩样(储层)统计分析表明,平均孔隙度为8.7%,孔隙度主要分布在7%~10%。

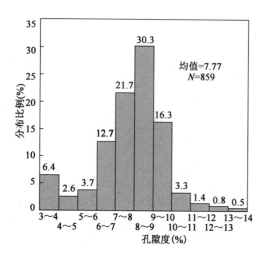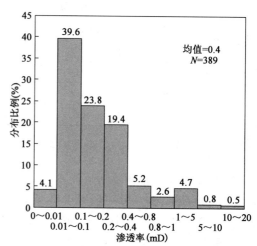

图 1-1 安岳须二段砂岩储层孔隙度、渗透率分布直方图

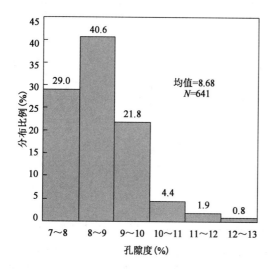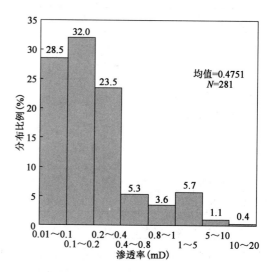

图 1-2 孔隙度大于 7% 时,安岳须三段储层砂岩的岩心孔隙度、渗透率分布直方图

安岳气田须二段砂岩渗透率在 0.001~23mD 之间(不包含裂缝样),各井平均渗透率值为 0.4mD,单井平均渗透率值在 0.20~2.1mD 之间(表 1-3),说明储层渗透率较低。从渗透率分布直方图(图 1-1、图 1-2)上可见,砂岩渗透率主要集中分布在 0.01~0.4mD 之间,占 82.8%。而储层($\phi>7\%$)的样品渗透率仍主要集中在 0.01~0.4mD 之间,占 84%,储层渗透率平均为 0.48mD。总体上渗透率与孔隙度具正相关关系(图 1-3),随着孔隙度的增大,渗透率呈上升趋势,表现出明显的孔隙型储层特征。孔隙度在 6%~10% 之间时,渗透率在 0.01~10mD 之间,孔隙度与渗透率呈明显的正相关。

表1-3 安岳气田须二段砂岩物性统计表

井 号	样品数	孔隙度(%)		样品数	渗透率(mD)	
		区间值	均值		区间值	均值
岳 X1	48	3.5~8.5	6.4	43	0.001~1.61	0.397
岳 X2	60	2.7~10.4	7.4	58	0.004~0.703	0.115
岳 X3	213	1.5~9.9	7.5	208	0.001~1.07	0.117
岳 X4	126	0.8~9.9	6.7	117	0.001~7.72	0.505
岳 X5	76	2.4~9.0	7.3	75	0.009~23	0.45
T X1	102	3.1~17.7	9.2	26	0.11~1.21	0.35
T X2	46	1.4~11.8	8.3	19	0.1~1.13	0.31
T X5	71	1.2~9.6	7.4	53	0.01~1.14	0.204
T X6	132	6.1~15.8	8.8	62	0.118~8.99	2.1

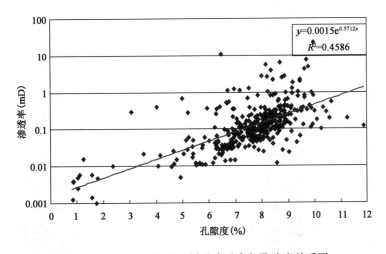

图1-3 安岳须二段岩心样品渗透率与孔隙度关系图

储层低孔低渗背景下存在局部物性好的"甜点"储层。对于须家河组低孔低渗砂岩储层来说,裂缝的发育程度对储层渗透性的改善和单井产能的提高具有相当重要的作用。通过钻井、测井、录井、岩心等资料表明,安岳气田须家河组由于构造平缓,大规模断层不发育,在一些小高点、小断层附近裂缝较发育。

根据取心井岩心观察得知,岩心裂缝较少,且多为中小缝,可分为层间缝和构造缝两类。在岩心中见到的层间缝多为泥碳质充填低角度缝,常顺层理面发育。高角度的构造缝大多是有效的,钻井资料显示裂缝发育,多口井钻遇裂缝发育段,多次发生井喷、井漏及放空等现象,岩屑录井中见次生石英、方解石晶体。如 T X2 井在须二段井深2381.20m发生强烈井喷,岩心见高角度的构造缝4条,缝宽2~30mm,被方解石半充填,测试获气 $0.98 \times 10^4 m^3/d$,油8.69t/d。T X1 井在须二段井深2376m发生井喷,岩心中见高角度的构造缝,缝宽1~3mm,被方解石半充填,测试获气 $1.71 \times 10^4 m^3/d$,油2.3t/d。测井声波曲线表现出明显的跳波特征,测试往往能获得高产油气流,如岳103、105、114、101-x12等井常规测井曲线和成像测井资料均表明裂缝发育(图1-4),加砂压裂后获高产油气流。

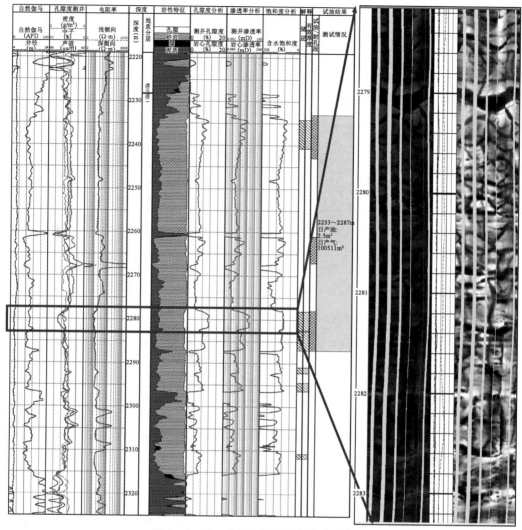

图 1-4　岳 × 井须二段裂缝电性响应特征

3. 气水关系复杂,不完全受圈闭控制

致密气一般无明显统一的气水界面,气水关系复杂,成藏不完全受圈闭控制,可见到"上水下气"现象。一般来说,致密气边界受岩性和物性控制,圈闭边界不明显,可以存在多个气水界面和压力系统,整体呈连续层状分布,突破了常规油气带状分布和油气藏的理念。比如鄂尔多斯盆地石炭系—二叠系总体表现为西倾单斜构造,地层平缓,挤压应力较弱,导致致密气圈闭界限模糊。

4. 普遍存在压力异常

由于具有特殊的成藏机理和控制因素,致密气藏通常表现为异常地层压力。除了鄂尔多斯盆地延长组、吐哈盆地下侏罗统和松辽盆地南部表现为低压或常压特征外,其他地区地层压力系数普遍较高,一般为 1.2~1.8MPa/100m,具有明显的超压特征。致密气区超压的形成主要源于储层致密、保存条件较好、生成的油气或者运移进来的油气难以散失,导致地层压力增大,使得储集空间内的压力难以释放,从而形成异常高压。四川盆地、库车前陆盆地与渤海湾断陷盆地致密气也具有异常高压特征[12-13]。

5. 改造后初期产量高、递减快、生产周期长

致密气一般自然产能低、递减快,定向井和水平井分段压裂技术可以较大幅度提高致密砂岩气井的产能[14-15]。由于致密气藏具有低孔低渗的特征,储层必须通过压裂改造,才能提高单井产量,获得经济价值。压裂改造后,气井初期产量高、递减快,但生产周期长,稳产主要靠井间接替来完成。

例如,我国鄂尔多斯盆地苏里格地区石炭系—二叠系致密砂岩气开发,采用直井分层压裂、水平井多段体积压裂改造,实现了致密砂岩储层改造的重大突破,可实现直井多薄层、水平井 10 段以上的改造。据统计,初期产量普遍较高,平均无阻流量为 $62.4 \times 10^4 \text{m}^3/\text{d}$,但是后期日产量递减较快,并开始进入稳定的低递减阶段,到生产后期单井天然气平均日产量为 $1.0 \times 10^4 \text{m}^3$ 左右。

二、致密气藏储层特征

不同地区和层位的致密气藏储层特征差异显著,这里以四川盆地须家河组储层为例来剖析致密气藏储层的基本特征。

1. 矿物成分复杂

储层岩心 X 射线衍射分析结果(表 1 - 4)显示,岩石中普遍存在含量不等的黏土矿物(2.86% ~ 22.8%),其中伊利石含量最高(平均 67.4%),多呈片状或丝缕状,主要分布于粒间或少量分布在颗粒表面;其次为绿泥石(平均 27.5%),多呈残余薄膜,主要分布于碎屑颗粒边外或在孔隙衬边;含少量伊/蒙混层(平均 6.3%)。此外,岩石矿物中还存在少量的白云石(平均 2.45%)、方解石(平均 6.93%)胶结物。

表 1 - 4 储层黏土矿物 X 射线衍射数据表

岩 心 编 号	测试结果(%)			
	黏土(粒径 <4μm)	伊利石(I)	绿泥石(C)	伊/蒙混层(I/S)
C3	4.46	70	20	10
C7	3.28	38	60	2
C19	3.71	81	13	6
C12	4.29	59	32	9
C9	2.86	54	46	13
C8	3.82	65	27	8
$4\frac{38}{64}$	16.6	76	20	2
$5\frac{20}{22}$	22.8	86	10	4
$9\frac{46}{69}$	18.2	76	20	4

致密气藏储层敏感性不仅与各敏感性矿物的产状、成分、含量有关,还与储层物性及流体

性质有关。根据储层岩心黏土矿物成分特征,开展了室内储层敏感性评价实验,包括应力敏感性、水敏、速敏、盐敏、酸敏及碱敏评价实验,实验结果表明:须家河组储层属中等应力敏、无—弱水敏、弱—中等偏弱速敏、弱—中等偏弱盐敏、无—弱酸敏、弱—中等碱敏。

2.孔隙结构多样

受沉积作用和成岩作用的影响,致密气藏储层孔隙结构比较复杂,是多种孔隙类型、喉道、微裂缝的组合体。其中,须家河组致密气藏储层孔隙结构类型主要包括缩小的粒间孔、粒间溶孔、溶蚀扩大粒间孔、粒内溶孔、铸模孔和晶间微孔,孔径的尺度范围为 $10^{-8} \sim 10^{-4}$ m(表 1-5);孔隙喉道又以片状、弯片状以及管束状为主,喉道延伸长度在 $10^{-5} \sim 10^{-1}$ m;微裂缝主要包括构造微裂缝、解裂缝以及层裂缝,缝宽一般为 $10^{-6} \sim 10^{-4}$ m,缝长 $10^{-2} \sim 10$ m(图 1-5)。

表 1-5 致密气藏储集空间类型及孔径大小

储层空间结构	孔 隙 类 型	孔径大小(m)
孔隙	粒间原生孔、粒间溶孔、缩小的粒间孔、溶蚀扩大粒间孔、粒内溶孔、晶间微孔和铸模孔	$10^{-8} \sim 10^{-4}$
微裂缝	解裂缝、构造裂缝、层裂缝	—

(a)长石被溶蚀、微裂缝

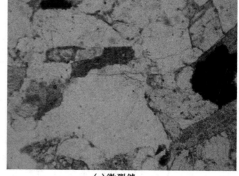

(b)微裂缝贯穿石英颗粒

(c)微裂缝

图 1-5 须家河组储层岩心铸体薄片示意图

3.水锁伤害严重

图 1-6 是典型的致密气藏气—水相对渗透率实验结果。可以看出:残余水饱和度约为 0.86,岩石均为亲水岩石。由于致密岩心孔喉细小,喉道为主要渗流通道,气驱水时,气相渗透

率增加十分缓慢,基质岩心水相渗透率远超过气相,大量的水以水化膜的形式残留在孔喉壁上,堵塞渗流通道,故残余水饱和度很高,储层改造极易对储层造成水锁伤害,压裂液返排困难。

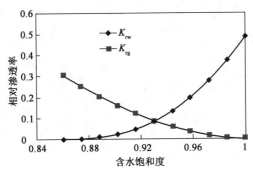

图1-6 气—水相对渗透率曲线

选取全直径岩心,对其进行取样、制备、烘干,测定出岩心的渗透率和孔隙度,获得的岩心基础测试结果见表1-6,其孔隙度为4.61%,渗透率为0.0598mD;再将岩心进行切片,并磨制成厚度约3mm,烘干待用,岩心切片如图1-7所示,并通过室内实验模拟水锁伤害及解除过程。

表1-6 致密岩心基础测试结果

井号	岩心编号	层位	井深(m)	孔隙度(%)	渗透率(mD)
13	$7\frac{33}{60}$	WZ	4759.15 ~ 4764.00	4.61	0.0598

图1-7 无缝岩心切片示意图

1)地层水侵入伤害及气驱解伤害实验

图1-8模拟了地层水侵入无缝岩心薄片形成水锁伤害的过程,图中箭头为水侵方向,图中曲线表示气液边界线(图名后括号中内容表示对应的时刻)。从图中可以看出:岩心薄片的孔隙喉道十分狭小,异常致密,分布较为均匀,如图1-8(a)所示;水沿微小孔道进入岩心薄片形成水膜,地层水侵入速度较慢且水驱前缘的推进比较均匀,这是由于岩心薄片的孔喉狭小所致,但局部仍有指进现象发生,侵入水的突破时间越长,水驱波及面积越大,水锁伤害越严重,如图1-8(b)~(e)所示;随驱替时间的增加,原先的水侵区域颜色逐渐加深,水膜增厚,见图1-8(d)~(f)。

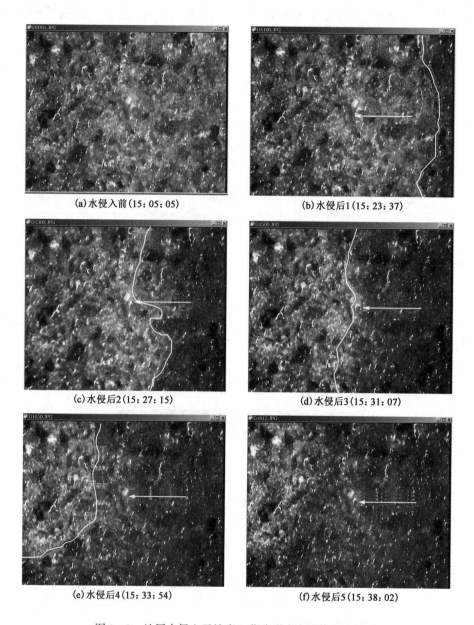

(a)水侵入前(15：05：05)

(b)水侵后1(15：23：37)

(c)水侵后2(15：27：15)

(d)水侵后3(15：31：07)

(e)水侵后4(15：33：54)

(f)水侵后5(15：38：02)

图1-8　地层水侵入无缝岩心薄片形成水锁伤害的过程

图1-9为反向气驱解除地层水的水锁伤害过程,图中箭头所指为气驱水方向。从图中可以看出:反向气驱开始后,气水边界区域变模糊,气驱区域颜色变浅,如图1-9(a)所示;随气驱时间增加,岩心水侵部分颜色变浅,见图1-9(b)~(d);而从图1-9(d)可以看出,岩心薄片中仍有大量残余水,气驱效果不佳,水锁伤害未完全解除。

2)压裂液侵入伤害及气驱解伤害实验

图1-10为压裂液侵入无缝岩心薄片形成水锁伤害的过程,图中箭头所指为压裂液侵入

方向,圆圈表示压裂液侵入前后该区域变化较明显,曲线表示气液边界线。对比岩心薄片中的地层水侵入(图1-8)和压裂液侵入(图1-10)发现,压裂液侵入后,液侵边界推进速度有所减缓,边界推进也更均匀整齐,压裂液侵入后的区域仅有少量残余气存在于较大孔喉处,见图1-10,可见水锁伤害异常严重。

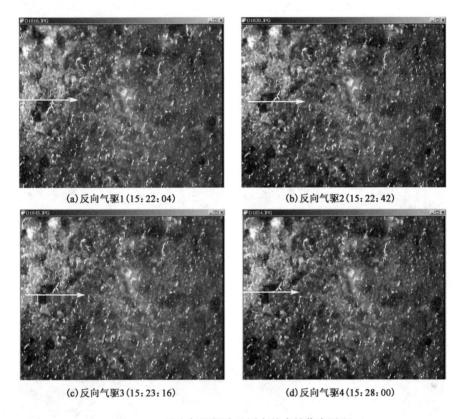

(a)反向气驱1(15:22:04)   (b)反向气驱2(15:22:42)

(c)反向气驱3(15:23:16)   (d)反向气驱4(15:28:00)

图1-9   反向气驱解除地层水的水锁伤害过程

图1-11为反向气驱解除压裂液的水锁伤害过程,图中箭头所指为气驱压裂液方向。从图中可以看出,气液边界模糊不清,液侵区域颜色略微变浅,孔喉处均未见明显变化,气驱效果不明显。

针对低渗致密砂岩储层,由压裂液等外来流体造成的水锁效应是长期且难以彻底解除的,这是由于致密储层岩石孔隙喉道小,毛细管力对流体滞留作用强,地层压力不足以克服毛细管力将滤液排出。此外,由于压裂液的黏度比地层水更大,压裂液侵入后的气液边界推进速度更慢,液侵波及范围更广,造成的水锁伤害更为严重,因此在压裂设计中要考虑尽量避免水锁伤害。

3)水锁伤害后的实验评价

对孔隙度、渗透相对较大的岩心样品开展反渗吸水锁启动压差实验,岩心排序结果见表1-7。

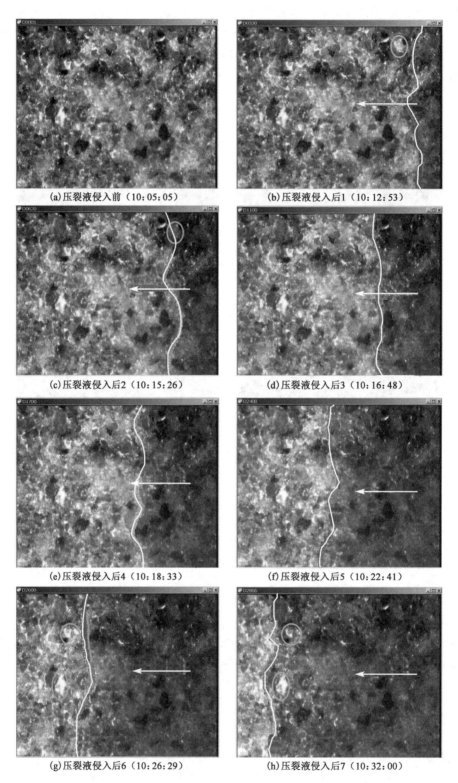

(a)压裂液侵入前（10：05：05）　　　(b)压裂液侵入后1（10：12：53）

(c)压裂液侵入后2（10：15：26）　　　(d)压裂液侵入后3（10：16：48）

(e)压裂液侵入后4（10：18：33）　　　(f)压裂液侵入后5（10：22：41）

(g)压裂液侵入后6（10：26：29）　　　(h)压裂液侵入后7（10：32：00）

图1－10　压裂液侵入无缝岩心薄片形成水锁伤害的过程

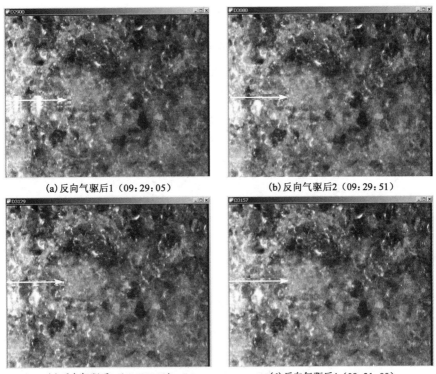

(a)反向气驱后1（09：29：05）　　　　(b)反向气驱后2（09：29：51）

(c)反向气驱后3（09：30：12）　　　　(d)反向气驱后4（09：31：00）

图1-11　反向气驱解除压裂液的水锁伤害过程

表1-7　低渗压裂岩心排列顺序表

序　号	岩心直径(cm)	岩心长度(cm)	孔隙度(%)	孔隙体积(cm³)
1	2.525	4.725	5.33	1.272
2	2.525	3.67	4.21	0.775
3	2.525	4.951	4.72	1.187
4	2.525	3.6	4.19	0.759
5	2.525	4.721	5.12	1.210
6	2.525	4.701	4.81	1.108
7	2.525	4.915	3.62	0.866
8	2.525	4.497	3.02	0.671
9	2.525	4.736	3.82	0.905
10	2.525	4.784	6.41	1.535
11	2.525	4.9	3.72	0.937
12	2.525	4.81	3.48	0.814
13	2.525	4.593	4.6	1.034

　　表1-8是反渗吸水锁启动压差测试结果,从表1-8中可以看出,反向注入地层水后形成的反渗吸水锁量增加,若要其恢复流动需要更高的启动压力,相应的变化趋势见图1-12,相对于地层水,压裂液伤害后所需的启动压力更大。

表1-8 反渗吸水锁启动压差测试结果

注入流体类别	压裂岩心	
	水锁量（HPV）	启动压力（MPa）
地层水	0.1	0.34
	0.2	0.92
	0.3	2.78
压裂液	0.3	3.74

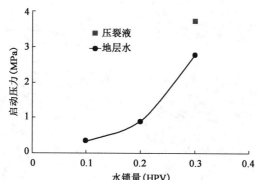

图1-12 WZ层压裂岩心启动压力与水锁量的关系

利用稳态法分别测试不同水锁强度（0.1HPV、0.2HPV和0.3HPV）下的气相渗透率，其测试结果见表1-9。

表1-9 水锁形成后反向气驱渗透率恢复程度测试结果

注入流体类别	水锁量（HPV）	渗透率伤害值（%）
地层水	0.1	29.53
	0.2	35.71
	0.3	41.94
压裂液	0.3	48.22

通过上述实验可以得到以下结论：

（1）压裂岩样在反向注气驱时，压裂岩心气相有效渗透率随气体累积产出量的增加而增加，并且气相有效渗透率明显高于常规岩样，这反映出高导流能力裂缝能一定程度减弱水锁堵塞效应；

（2）当压裂岩心受到压裂液反渗吸堵塞时将产生更强的水锁效应，大大降低储层渗透率，从而影响气井的产能，因此压裂施工时要尽量防止水锁效应。

4. 应力敏感显著

1）常规岩心应力敏感实验

图1-13和图1-14是常规岩样的渗透率应力敏感实验结果。可以看出，渗透率随净有效覆盖压力的增加先减小，最后趋向平缓；其渗透率下降幅度在净有效覆盖压力增加的初期最大，随后逐渐减小。这是由于加载初期，基质岩心中的喉道、较大孔隙容易受到压缩而变形，孔隙以及喉道尺寸的轻微减小将引起基质渗透率的显著降低，此阶段应力敏感效应显著；在加载后期，岩石骨架被压缩到一定程度之后，剩下的多为不易闭合或被压缩变形的喉道和小孔隙，所以基质渗透率趋于稳定，有效应力增加造成的应力敏感效应大为减弱。

对比降净有效覆盖压力渗透率恢复过程和升净有效覆盖压力渗透率减小过程(图1-15、图1-16),发现渗透率并不能完全恢复到原始值。这表明储层岩石在有效应力作用下,发生的变形既有弹性变形,又有塑性变形。压敏效应引起的渗透率伤害是一种永久性、不可逆的伤害。

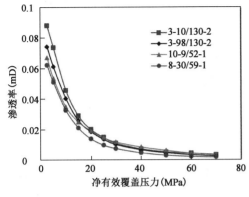

图1-13 常规岩样升净有效覆盖压力时渗透率变化

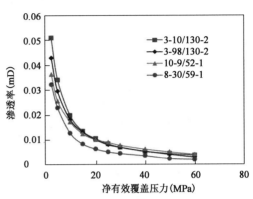

图1-14 常规岩样降净有效覆盖压力时渗透率变化

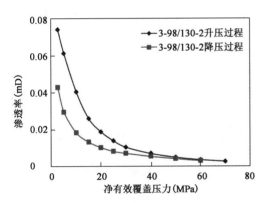

图1-15 3-98/130-2岩心升降净有效覆盖压力对比图

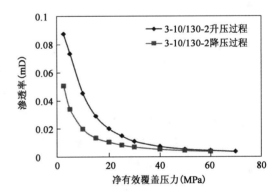

图1-16 3-10/130-2岩心升降净有效覆盖压力对比图

2)割缝岩心应力敏感实验

实验选取 WZ 储层致密岩心在实验室人工造缝获得压裂岩样,然后对其进行渗透率敏感性测试,实验中通过改变净有效覆盖压力来改变净应力。压裂岩心的渗透率应力敏感性测试结果如图1-17~图1-20所示。从图中可以看出:净有效覆盖压力从2MPa升至50MPa,渗透率降幅最大为97.61%,降幅最小为82.89%,平均为92.42%;净有效覆盖压力从50MPa升至70MPa时,渗透率的降幅非常小。可以得出以下结论:

(1)针对压裂岩样,在有效应力增加的初始阶段,渗透率呈先急剧减小后趋于稳定的趋势,这是由于初始阶段有较多未闭合的孔隙和裂缝,在有效应力的作用下,孔隙和裂缝迅速变形和闭合,从而造成渗透率大幅度降低,此阶段压裂岩样的应力敏感性较强;而后期岩石骨架结构几乎不发生改变,剩下的多为不易闭合的孔隙和裂缝,造成渗透率几乎不发生改变。

(2)由于塑性变形,渗透率不能再恢复到原始值。

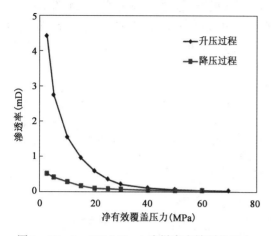

图 1 - 17　3 - 120/130 - 1 岩样净有效覆盖压力
与渗透率关系

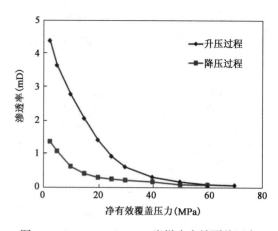

图 1 - 18　3 - 120/130 - 2 岩样净有效覆盖压力
与渗透率关系

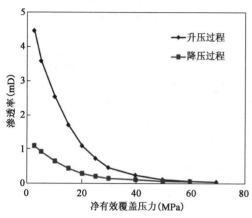

图 1 - 19　10 - 9/52 - 1 岩样净有效覆盖压力
与渗透率关系

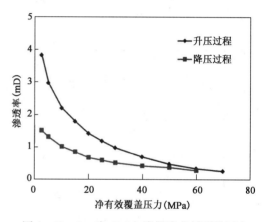

图 1 - 20　8 - 30/59 - 1 岩样净有效覆盖压力
与渗透率关系

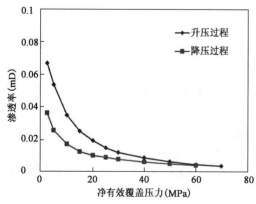

图 1 - 21　10 - 9/52 - 1 号基质岩心(造缝前)
渗透率随净有效覆盖压力变化关系图

图 1 - 21 为 10 - 9/52 - 1 号基质岩心(造缝前)渗透率随净有效覆盖压力变化关系图,相比压裂后的应力敏感曲线(图 1 - 19),造缝前 10 - 9/52 - 1 号基质岩心渗透率在升压过程中降幅为 94.57%,小于造缝岩心降幅;在卸载后基质岩心渗透率恢复率为 62.93%,远远大于造缝岩心卸载后恢复率。这说明裂缝性介质渗透率随有效压力的变化比孔隙介质的大得多,造缝岩心渗透率的应力敏感性大于基质岩心。通过压裂岩心的应力敏感测试,主要得到以下结论:

(1)在相同应力条件下,基质岩心孔隙度

降幅小于造缝岩心的降幅,说明人工裂缝在应力条件下容易闭合,孔隙更易被压缩;

（2）针对压裂岩样,在有效应力增加的初始阶段,首先是裂缝开始闭合,从而造成孔隙体积和渗透率的下降,渗透率的伤害也主要发生在这个阶段;

（3）未充填支撑颗粒的造缝岩心均具有极强的渗透率伤害率,在90%以上,说明压裂后裂缝前沿的储层具有极强的渗透率应力敏感性,因此在压裂设计的时候要考虑压裂的强度和裂缝的有效性。

第三节　致密气藏开发的意义

致密砂岩气资源作为最现实的可替代能源,备受各国政府和企业的高度关注,对其进行勘探和开发对于减少日益加大的石油供需矛盾缺口和确保国家能源安全具有重大战略意义[1]。

一、致密气资源量巨大

天然气在世界的能源格局中扮演着重要的角色,2017年天然气资源占世界能源总消耗量的24%,这一比例将持续增加。预计到2035年,天然气占一次能源的份额将超过煤炭,成为世界第二大燃料来源[16]。由于全球范围内对天然气需求量的增加,以及天然气勘探和开发面临的一系列难以突破的技术难题和挑战,使得常规天然气的产量远远无法满足全球市场的需要,因此,对非常规天然气勘探开发成为全球石油工业的一大热点,非常规天然气资源呈现广阔的应用前景[17]。

自然界所有的自然资源都呈金字塔状分布,即自然条件越好的则资源量越少。斯伦贝谢公司的专家Lee和Ren等人曾经引入品位概念,用金字塔分布理论阐述世界天然气资源的不同分布。品位最初是用于描述固体矿场、矿石质量好坏级别的名词。高品位的储层实际上非常少,所以比例不高;随着储层品位的降低,储量增加但开发难度增大(图1-22)。

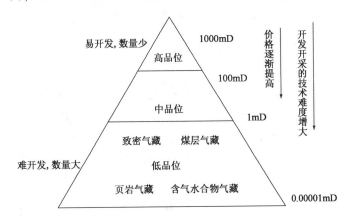

图1-22　天然气资源分布的金字塔理论[1]

低品位天然气资源主要包括煤层气、致密砂岩气和页岩气等非常规天然气,相比传统能源,非常规天然气占据着越来越重要的位置。

全球约有总计$922 \times 10^{12} m^3$深埋于地下的非常规天然气尚待开发,其中致密气(致密砂岩气)为 $209.7 \times 10^{12} m^3$,占非常规天然气总资源量的23%,见表1-10[18-19]。

表1-10 全球非常规天然气资源分布

地区	煤层气($10^{12} m^3$)	页岩气($10^{12} m^3$)	致密砂岩气($10^{12} m^3$)	总量($10^{12} m^3$)
北美	85.4	108.8	38.8	233.0
拉丁美洲	1.1	59.9	36.6	97.6
西欧	4.4	14.4	10.0	28.9
中欧和东欧	3.3	1.1	2.2	6.7
俄罗斯	112.1	17.8	25.5	155.3
中东和北非	0.0	72.2	23.3	95.4
撒哈拉以南的非洲	1.1	7.8	22.2	31.1
中国	34.4	99.9	10.0	144.2
太平洋合作国家	13.3	65.5	20.0	98.7
其他亚太区域	0.0	8.9	15.5	24.4
南亚	1.1	0.0	5.6	6.7
全球	256.3	456.2	209.7	922.0

我国致密气资源十分丰富,先后在鄂尔多斯、四川、松辽和渤海湾等盆地共发现了15个致密砂岩大气田(图1-23),成为了我国天然气增储上产的重要领域(表1-11)。

图1-23 中国致密砂岩大气田分布图[21]

审图号:GS(2016)1570号

1—苏里格气田;2—大牛地气田;3—榆林气田;4—子洲气田;5—乌审旗气田;6—神木气田;

7—米脂气田;8—合川气田;9—新场气田;10—广安气田;11—安岳气田;12—八角场气田;

13—洛带气田;14—邛西气田;15—大北气田

表 1-11 致密气藏分布及资源量预测[20]

盆地	盆地面积($10^4 km^2$)	地质资源量($10^{12} m^3$)	可采资源量($10^{12} m^3$)
鄂尔多斯	25.0	6~8	3~4
四川	18.0	3~4	1.5~2.0
松辽	26.0	2.0~2.5	1.0~1.2
塔里木	3.5	4~7	2~3
吐哈	5.5	0.6~0.9	0.4~0.5
渤海湾	8.9	1.0~1.5	0.5~0.8
准噶尔	13.4	0.8~1.2	0.4~0.6

二、天然气工业发展进程中的必然

致密气藏勘探开发是天然气工业发展进程中的必然,这种趋势是由以下原因造成的[1]:

(1)世界工业和经济生活的发展,对天然气的需求不断增长。天然气作为一种清洁、方便、价廉和用途广泛的能源,是众多能源中增长最快的一种。近年来,世界能源需求增长了38%,其中天然气需求增长了65%,石油需求增长了12%,煤炭需求增长了28%;根据国际能源机构专家 Oliver Appere 预测,到2020年能量消耗来源将要提高30%。

(2)天然气资源具有不可再生性,而新的替代能源尚未出现。目前世界范围内的天然气资源分布不均,天然气的消费和使用分布严重不均,一些地区的天然气资源已经得到较大程度的开发,现存资源不足以维持长期的需求。一些国家和地区的天然气资源虽然巨大,但由于天然气储存、运输上的困难,使得天然气资源的需求国家更多地将技术和资金投入到本国或临近地区,去开发开采新的、具有低品位和低渗透的气藏。我国要维持国民经济的正常发展,必须保持天然气工业持续稳定的发展,不断地去勘探发现和开采新的天然气资源。

(3)致密气藏是常规气藏开采之后的接替资源。世界范围内已经勘探的400多个盆地中,已发现常规天然气资源量为$328 \times 10^{12} m^3$,非常规天然气资源量为$922 \times 10^{12} m^3$。由此看来,大量的天然气是以非常规天然气的形式存在于自然界的。

(4)致密气藏在一定地质条件下仍然具有开采价值。由于气体黏度较低,比油更容易流动,因此,一般认为,气井产能的渗透率下限是1mD,但 Brannigan 认为如果有大范围的裂缝系统与气井相连,则渗透率低至0.08mD 也能够获得可观产量。目前气藏具有经济开采价值的经验法则是1mD 或更高。

(5)开发技术的进步,推动了致密气藏的有效开发。20世纪七八十年代,致密气藏被认为只能开采其中的"甜点",而大面积的储层没有开采价值。近年来随着石油勘探和开采的进步,低渗透气藏的全面开发成为现实。如地震勘探开发的新技术为研究沉积模式和建立地质模型提供了方便,大型压裂提高了单井产量,空气钻井提高了钻速,排水采气解决了含水高而提前关井的问题,多级增压降低了废弃压力等,这些技术的应用使致密气藏的经济开发变为现实。

第四节　致密气藏压裂优化设计的关键问题

对致密气藏定向井、水平井进行压裂优化设计和改造是开发致密气藏的关键。为了实现对致密气藏的有效设计，需要解决以下几个关键问题。

一、压裂井储层质量评价及施工参数优化技术

压裂是保证致密气有效开发的重要增产措施。由于压裂作业费用十分昂贵，只有选择好的压裂井层以及匹配最佳的施工参数才能大幅度提高单井产量，获得良好的经济效益。压裂井储层质量评价及施工参数优化是决定致密气藏压裂增产效果的两个关键要素。压裂井储层质量评价就是要选出最具有增产潜力的井进行作业；而施工参数优化的目标就是降低作业成本，提高改造效果，获得最佳经济效益。压裂井储层质量评价选择需要综合油田地质静态、开发动态以及压裂施工等多方面的数据信息进行判别，其中最主要的是要看其可采储量，而可采储量又受油藏地质特征和生产动态等因素影响。待压井层既要有一定的地质基础，又要求与之相匹配的工程参数，这样才能保证压后取得良好的效果。影响压后效果的因素众多，各因素对压后效果具有不同程度的影响，很难用常规方法进行量化研究。

压裂井储层质量评价技术主要涉及影响压裂井储层评价效果和因素的提取以及压裂井储层评价方法。近几年来国内外学者开展了相关的研究与应用。常见的方法主要有：

（1）定性判断方法：从动态分析、监测资料、测井曲线对比、水驱规律、沉积微相研究等角度研究井层能量大小和可采储量多少定性判断储层压裂后的产量。这类方法的最大不足在于无法实现对储层质量的定量判断；

（2）数学拟合回归分析的方法：①利用已有的压裂井储层参数数据，通过对压裂效果与影响因素间的关系进行拟合得到数学模型，进而通过输入待评价井的基础参数评价储层质量。这类方法的不足主要体现在两个方面——必须先建立回归模型，指定输入、输出之间的线性或非线性关系，对于复杂的多参数输入情况，这样的要求有时是偏高的。②通过数据拟合所建立的模型是精确的，而工程师们希望的储层质量评估函数具有一定的模糊性，能够对相似的样本产生相同的评价优先等级，特别是参数场网络离散化得到的参数值具有一定的"噪声"，在回归模型中无法处理这类带"噪声"的数据。

压裂井储层质量评价过程是一个开放的多变量系统，具有非线性特征和不确定性。为了克服上述难题，发展形成了人工神经网络的储层质量评价方法。人工神经网络采用"隐式"表达方法表示各变量与压裂效果之间的关系，尽管它不需要考虑具体数学模型就可以建立起影响因素与效果之间的隐含表达式，但是当评价参数多、评价结果复杂时，存在收敛速度慢、计算时间长、网络缺乏可扩充性、确定网络结构困难、普适性不强、泛化推广能力差等缺点。

在压裂井施工参数优选方面，目前常用的压裂施工参数优选方法是利用油田区块大量已压裂井的储层参数、压裂参数和增产效果，通过回归分析或者神经网络方法建立起储层参数、压裂参数与增产效果间的数学表达式。对于要优选压裂施工参数的井，由于该井的储层参数已经确定，通过改变不同的压裂参数组合，利用已建立的数学表达式，计算不同参数组合下的压裂井增产效果，并选择增产效果最好的参数组合作为优选的压裂参数。这种压裂参数优选

方法存在以下问题：

（1）各储层参数的数值取自于各参数的极限值、平均值等确定性的数值，没有充分考虑各储层参数由于不确定性或者受实验仪器、实验方法、计算分析等误差而导致这些参数不一定反映了该参数在储层条件下的真实值，忽略了这些参数具有一定模糊性的特性；

（2）利用压裂井的储层参数、压裂参数与增产效果，通过回归分析或神经网络方法建立数学关系，当储层参数、压裂参数与增产效果不存在一定的数学关系时，会导致优选的压裂参数偏差增大；

（3）可供选择的压裂参数优选方案太少，最终优选出来的实际上可能仅相当于求局部最优压裂参数而不是真正意义上的全局最优压裂参数。

为了克服上述致密气藏储层质量评价和施工参数优选的难题，本书将层次分析、灰色关联分析和模糊数学理论相结合，经过多次综合，将模糊数学中的隶属度和权重系数等涉及人为主观的因素限制在单一、很小的范围内，使主观与客观的反差大大减小，借以提高评价精度。该组合模型的优越性在于：（1）以单因素评价为基础，但又综合了多因素的评价结果，充分体现了储层评价工作综合性强的特点；（2）先进行单因素的综合，然后再综合其他因素对总体评价的共同作用，经过多次综合评价，减少了人为主观因素影响；（3）对于样本井数据质量要求不高，计算速度快，而且新增加的样本数据，可以直接参加计算，并作为下一步储层评价井预测依据。

二、致密气藏压裂井诱导应力计算

致密气藏孔隙度低、渗透率极差、普遍发育有天然裂缝，投产后自然产能低、递减快，定向井和水平井分段压裂技术可以大幅度提高产能。针对致密气藏，通过水力压裂可以增加气藏泄油面积、改变油气渗流方式，能够极大地提高产量和采气速度[22-23]。由于致密气藏基质渗透率低，传统水力压裂设计时只考虑了造长缝。但造长缝仅能扩大泄气面积，没有提高储层的整体渗透能力，导致垂直于人工裂缝壁面方向的渗透性很差，不足以提供有效的垂向渗流能力，难以取得预期增产效果，导致压后产量低且递减快[24]。低渗透致密砂岩储层中普遍发育微裂缝系统，且每一条微裂缝均可能被其他微裂缝所包围，而在其附近还可能有细小的微裂缝分布。天然裂缝可分为构造缝和非构造缝，砂泥岩地层中主要发育构造缝，其受古应力场控制，方向性明显，产状以高角度缝（大于60°）和垂直缝为主，在地下以闭合状态为主，但在人工外力作用下极易张开。由于天然裂缝渗透率远大于基质渗透率，压裂液很容易滤失进入天然裂缝。随着天然裂缝的延伸，净压力会进一步升高，促使更多闭合状态的裂缝张开，这将会在主裂缝周围形成天然裂缝簇，而增加裂缝周围地带基质的渗透率，从而极大地改善储层渗透性，且压裂结束后被支撑的天然裂缝将成为油气渗流通道，从而大幅度提高产量[25]。在水力压裂过程中，利用水力裂缝延伸过程中产生的诱导应力激活潜在的天然裂缝，可以显著提高改造后的产量。

目前国内外开展裂缝诱导应力场方面的研究主要是采用 Sneddon 和 Elliott 建立的裂缝诱导应力场模型，该模型能够计算缝高所在二维平面上的诱导应力分布[26]，但是目前绝大多数关于水力裂缝诱导应力场的研究都是针对垂直裂缝的，而关于倾斜裂缝诱导应力场的相关研究鲜见报道。

三、致密气藏压裂井射孔参数优化

通过对定向井和水平井进行水力压裂,是提高致密气藏产量和采收率的关键。定向井是指按预先设计轨迹钻进的井,它能够使受地面和地下环境限制的油气资源得到经济、有效开发,具有占地面积小、投资少、钻井风险低的优点,能够显著降低钻完井成本,且有利于保护环境,具有显著的经济和社会效益。致密气藏定向井为了加快投资回收速度,普遍采用射孔后再压裂的方式投产。射孔参数不合理容易产生高破裂压力以及发生裂缝转向,导致近井摩阻和泵压升高,增加施工风险和降低改造效果,射孔参数优化是实现定向井高效开发的关键[27-28]。柳贡慧等人[29]根据直井射孔段的应力分布状况,建立了确定合理射孔初始方位角的方法。姜浒[30]采用大尺寸真三轴水力压裂物理模拟系统和理论推导方法,建立了射孔直井的破裂压力预测模型,得出射孔方位角为0°时破裂压力最小、破裂压力随着射孔方位角增大而升高的结论。但在定向井的射孔方位优化过程中,该结论并不适用。因为上覆岩层压力与井轴不重合,原水平地应力不再与井轴正交,井周围岩石在法向正应力和切向剪应力的联合作用下处于三维应力状态[31-32]。因此,优化的射孔方位不仅与地应力有关,还与定向井井斜角和方位角密切相关。

基于低孔、低渗以及天然裂缝比较发育的特征,水平井钻井和多段压裂是有效开发这类储层的关键技术。目前通常是利用封隔器或者桥塞等工具将数千米水平井段分割成多个压裂段,在同一压裂段内采用多簇射孔后进行水力压裂。利用同一压裂段内水力裂缝产生的诱导应力,充分扰动天然裂缝以提高水力裂缝复杂程度。该方法可以显著提高非常规储层压裂水平井的产量。目前提高同一压裂段内水力裂缝复杂程度的施工方法有常规同时压裂和交替压裂。

常规同时压裂是指同一个压裂段内3个或多个射孔簇的射孔参数相同。如图1-24所示,这里以3个射孔簇为例,通过对3个射孔簇进行同时射孔,然后3个射孔簇形成的水力裂缝同时延伸和扩展,需要2个步骤来完成:步骤一,对同一个压裂段内的3个射孔簇采用相同的射孔参数(射孔密度、射孔孔径、射孔深度)进行射孔;步骤二,对同一个压裂段内的3个射孔簇同时进行注液、压裂,每簇射孔形成1条裂缝,随着注液时间增加,裂缝长度增加,直到达到预期的裂缝长度停止施工。

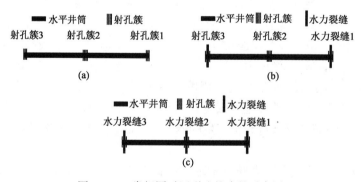

图1-24 常规同时压裂法的步骤示意图

交替压裂法是由哈里伯顿公司率先提出的,基本原理是在同一个压裂段内分成多次射孔形成多个射孔簇,每次射孔一簇后对该簇射孔进行压裂形成一条裂缝。压裂的次序如

图 1 - 25 所示,该方法需要 4 个步骤才能完成压裂施工,并且为了实现预期的压裂次序,需要配合专门的连续油管和特殊水力封隔器等设备。

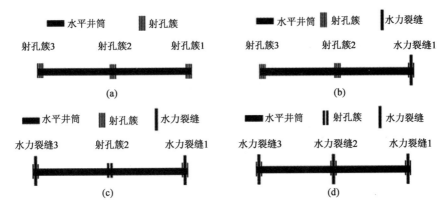

图 1 - 25　哈里伯顿公司提出的交替压裂法的步骤示意图

上述常规同时压裂法由于是在压裂水平井同一压裂段内多个射孔簇同时延伸和扩展,其缺点在于没有充分完全利用水力裂缝产生的诱导应力,水力压裂的裂缝可能只会形成平面裂缝,或者只会在远离水平井筒的区域才会形成复杂裂缝,不能够充分释放非常规储层的生产潜力。交替压裂法能够显著增加裂缝的复杂程度,大幅度提高产量。其缺点在于需要专门的作业工具(如连续油管配合特殊的机械封隔等);由于每次只压裂一簇射孔以及需要精确控制每次的作业位置,显著增加了作业时间,大幅度提高了费用,同时也增加了作业风险。如何在降低作业风险和施工成本的基础上实现复杂缝网是需要解决的关键问题。

因此,本书通过引入坐标变换,建立了任意井眼轨迹的定向井井周应力场计算模型。该模型将原地应力场转化为斜井坐标系下的应力场,将井斜角与方位角的变化转化为应力分量的变化。致密气藏斜井压裂的射孔参数优化是以降低破裂压力和提高近井地带裂缝复杂程度为目标。本书综合考虑原地应力、孔隙压力、井筒液柱压力、压裂液渗滤、井眼条件(井斜角、方位角)及其他物理力学性质等因素,建立了定向井射孔方位的优化设计方法。而致密气藏水平井压裂的射孔参数优化主要是提高压裂裂缝复杂程度。充分利用致密砂岩储层的天然裂缝特征以及水平井分段压裂后多条裂缝间的应力干扰,通过优化裂缝起裂次序、裂缝间距、射孔参数和施工参数,可以实现天然裂缝扩张和脆性岩石剪切滑移并最终形成复杂裂缝网络,改善低渗透储层的整体渗透性能,提高初始产量和最终采收率。基于此,本书提出了形成复杂裂缝网络系统的施工方法和工艺。

四、致密气藏压裂水平裂缝参数评估与优化

由于成岩作用、沉积微相差异、天然裂缝而使得致密气藏具有严重的非均质性,非均质性会影响储层油气渗流方式,进而影响压裂水平井生产动态及产量递减规律[24]。致密气藏由于其低渗、特低渗的物性特征,必须通过水平井钻井和压裂改造才能实现经济开采。水平井压裂优化设计则是实现高效改造的重要环节,建立一套适合非均质储层条件的致密气藏压裂水平井产能模型,并以产能为目标优化各裂缝参数,是压裂设计的基础、获得经济效益的前提。压

裂水平井的产量预测方法主要有数值模拟方法和半解析方法两种。由于半解析方法主要是建立在试井理论的基础上,它采用较为简洁的数学语言构建了包括油气藏、裂缝、井筒的渗流规律及相互间的耦合,可以在较少的数据下获得精度较高的计算结果;由于半解析方法具有需要数据少、计算速度快的优点,被广泛用于理论研究和现场。目前研究人员通过复位势理论和势叠加原理、水电相似原理对压裂水平井产能进行敏感性分析,通过计算分析可以得到相对优化的压裂水平井条数、间距、导流能力及其组合[33-35],但目前这些方法都没能考虑储层非均质性及裂缝间的物性差异;此外,上述方法都没有解决压裂水平井裂缝长度和导流能力的最佳匹配问题。如何优化致密气藏压裂水平井裂缝参数是一个亟待解决的难题。

五、致密气藏压裂井支撑剂回流机理及控制

致密气藏水力压裂后压裂液的返排是水力压裂作业的重要环节。在致密气藏返排及生产返排过程中,如果返排速度过快,会使得支撑剂返排出裂缝,进而导致人工裂缝的导流能力下降,影响油气井产量;如果排液速度过慢,压裂液携带支撑剂滤失进生产层中,压裂液残渣造成裂缝周围的地层有效渗透率降低,对储层造成二次伤害。因此,如何使压裂液尽可能快地排出地层,并让支撑剂尽可能多地留在裂缝中成为日益关注的话题。

本书针对致密气藏压裂井生产过程中支撑剂回流开展了研究。充分考虑致密气藏生产过程中气—液两相流动规律,综合拖曳力、毛管阻力强度、闭合应力、剪切力和拉伸力等因素,考虑支撑剂的力学稳定性建立了支撑剂回流物理模型;在物理模型基础上,考虑气、水两相非达西流动微分方程,建立了支撑剂回流机理模型;进一步分析了影响支撑剂回流的主要因素和规律,为返排控制提供了依据。

参 考 文 献

[1]　　　李安琪.苏里格气田开发论[M].北京:石油工业出版社,2013.

[2]　赵政璋.致密油气[M].北京:石油工业出版社,2012.

[3]　傅成玉.非常规油气资源勘探开发[M].北京:中国石化出版社,2015.

[4]　Spencer C W. Review of characteristics of low-permeability gas reservoirs in western United States[J]. AAPG Bulletin,1989,73(5):613-629.

[5]　Law B E,Spencer C W,Bostick N H. Evaluation of organic matter and subsurface temperature and pressure with regard to gas generation in low-permeability Upper Cretaceous and Lower Tertiary sandstones in Pacific Creek area, Sublette-County, Wyoming[J]. American Association of Petroleum Geologists Bulletin, 1980, 64(5):738.

[6]　Spencer C W,Law B E. Overpressured,low-permeability gas reservoirs in green river,Washakie,and great divide basins southwestern Wyoming[J]. American Association of Petroleum Geologists Bulletin,1981,65(3): 569.

[7]　Law B E,Curtis J B. Introduction to unconventional petroleum systems[J]. American Association of Petroleum Geologists Bulletin,2002,86(11):1851-1852.

[8]　关德师,牛嘉玉,郭丽娜,等.中国非常规油气地质[M].北京:石油工业出版社,1996.

[9]　Holditch S A. Tight gas[J]. Journal of Petroleum Technology,2006,58(6):84-90.

[10]　邹才能,陶士振,侯连华,等.非常规油气地质[M].北京:地质出版社,2013.

[11] 王朋岩,刘风轩,马锋,等.致密砂岩气藏储层物性上限界定与分布特征[J].石油与天然气地质,2014,35(2):238－243.

[12] 李军,邹华耀,张国常,等.川东北地区须家河组致密砂岩气藏异常高压成因[J].吉林大学学报(地球科学版),2012,42(3):624－633.

[13] 鲁雪松,赵孟军,刘可禹,等.库车前陆盆地深层高效致密砂岩气藏形成条件与机理[J].石油学报,2018,39(4):365－378.

[14] 曾凡辉,郭建春,刘恒,等.致密砂岩气藏水平井分段压裂优化设计与应用[J].石油学报,2013,34(5):959－968.

[15] 曾凡辉,郭建春,何颂根,等.致密砂岩气藏压裂水平井裂缝参数的优化[J].天然气工业,2012,32(11):54－58.

[16] 谢玮.BP世界能源展望:未来20年75%以上能源仍来自石油、天然气和煤炭[J].中国经济周刊,2017(15):64－65.

[17] Bocora J. Global Prospects for the Development of Unconventional Gas[J]. Procedia-Social and Behavioral Sciences,2012,65(1):436－442.

[18] Thakur N K,Rajput S. World's Oil and Natural Gas Scenario[M]. Berlin:Springer,2011.

[19] 邹才能,翟光明,张光亚,等.全球常规—非常规油气形成分布、资源潜力及趋势预测[J].石油勘探与开发,2015,42(1):13－25.

[20] 贾承造,郑民,张永峰.中国非常规油气资源与勘探开发前景[J].石油勘探与开发,2012,39(2):129－136.

[21] 戴金星,倪云燕,吴小奇.中国致密砂岩气及在勘探开发上的重要意义[J].石油勘探与开发,2012,39(3):257－264.

[22] 曾凡辉,郭建春,徐严波,等.压裂水平井产能影响因素[J].石油勘探与开发,2007,34(4):474－477,482.

[23] 曾凡辉,郭建春.透镜状砂岩储层压裂规模的优化问题[J].天然气工业,2011,31(4):63－65.

[24] 郝明强,胡永乐,李凡华,等.特低渗透油藏压裂水平井产量递减规律[J].石油学报,2012,33(2):269－273.

[25] 曾大乾,张世民,卢立泽.低渗透致密砂岩气藏裂缝类型及特征[J].石油学报,2003,24(4):36－39.

[26] 刘洪,胡永全,赵金洲,等.重复压裂气井诱导应力场模拟研究[J].岩石力学与工程学报,2004,23(23):4022－4027.

[27] 曾凡辉,尹建,郭建春.定向井压裂射孔方位优化[J].石油钻探技术,2012,40(6):74－78.

[28] Roegiers J C,Mclennan J D,Murphy D L. Influence of Preexisting Discontinuities on the Hydraulic Fracturing Propagation Process Hydraulic fracturing and geothermal energy[M]. Springer Netherlands,1983.

[29] 柳贡慧,李玉顺.考虑地应力影响下的射孔初始方位角的确定[J].石油学报,2001,22(1):105－108.

[30] 姜浒,陈勉,张广清,等.定向射孔对水力裂缝起裂与延伸的影响[J].岩石力学与工程学报,2009,28(7):1321－1326.

[31] Fallahzadeh S H,Rasouli V,Sarmadivaleh M. An Investigation of Hydraulic Fracturing Initiation and Near-Wellbore Propagation from Perforated Boreholes in Tight Formations[J]. Rock Mechanics & Rock Engineering,2015,48(2):573－584.

[32] Alekseenko O,Potapenko D,Cherny S,et al. 3D modeling of fracture initiation from perforated noncemented wellbore[J]. SPE Journal,2012,18:589－600.

［33］ 曾凡辉,程小昭,郭建春,等. A New Model to Predict the Unsteady Production of Fractured Horizontal Wells ［J］. Sains Malaysiana,2016,45(10):1579 – 1587.

［34］ 姚同玉,朱维耀,李继山,等.压裂气藏裂缝扩展和裂缝干扰对水平井产能影响［J］.中南大学学报(自然科学版),2013,44(4):1487 – 1492.

［35］ Bhattacharya S,Nikolaou M,Economides M J. Unified Fracture Design for very low permeability reservoirs ［J］. Journal of Natural Gas Science & Engineering,2012,9(6):184 – 195.

第二章
致密气藏压裂井储层质量评价及压裂参数优选

压裂增产作业会显著影响油气藏的产量和经济效益,选择合适的候选井进行压裂作业是油田工程师面临最重要的决策之一[1]。致密气藏压裂井储层质量评价的目标是寻找最具有增产潜力的气井进行压裂作业。影响压裂选井的因素众多,并且这些信息通常具有不确定性、不完整性以及模糊性等性质,使得常用的压裂井储层质量评价方法存在较大局限性[2]。本章通过融合层次分析法、灰色理论和模糊逻辑系统建立了一种压裂井储层质量的综合评价方法[3]。其中,层次分析法用于确定水力压裂井质量评价相关因素,灰色理论用于确定这些因素的相对重要性,模糊逻辑系统用于多因素模糊综合评判。在此基础上,进一步优化了压裂参数[4]。

第一节 压裂井储层质量评价方法概述

压裂是低渗透油气田有效开发的重要增产措施,但是压裂作业费用是十分昂贵的,只有选择出最具有增产潜力的储层进行压裂作业,才能获得良好的经济效益。压裂井储层质量评价需要综合油田地质静态、开发动态以及压裂施工等多方面的数据信息进行综合判别,其中最主要的是要看其可采储量,而可采储量又受油藏地质特征、生产动态方案等因素影响,因素多且复杂[5-6]。一口井压裂后效果好坏既与地质因素有关,又与工程因素有关。此外,各因素对压后效果具有不同的影响程度,很难用常规方法进行量化研究。压裂井储层评价的方法和技术主要涉及三个方面的内容:(1)影响因素提取;(2)压裂井储层评价方法选择;(3)压裂井储层评价效果预测。如何有效实现多影响因素下的压裂井储层质量评价,近几年来国内外学者开展了相关的研究与应用,主要可以分为定性评价和定量评价两类。无论采用哪种方式进行压裂井储层质量评价,首先要解决的是确定影响压裂井储层质量的因素。

一、压裂井储层质量因素分析

根据美国天然气所研究成果,在油气田通过选择合适的井进行压裂酸化作业可以获得显著经济效益[7]。从一个油气田大量生产井中选出合适的井进行压裂作业是一项艰巨的任务,尤其是压裂选井涉及不同储层特征、压裂井的影响参数具有不同属性和特征,需要进行综合评判时尤其如此。影响压裂井增产效果的因素众多,首先需要解决的难题是压裂井参数的选择,对此国内外学者开展了广泛的研究。

Xiong 和 Holditch[8]选用了 9 个参数变量来评估水力压裂候选井的质量;Yang[9]在研究选择候选井时,同时考虑了 9 个影响因素;Yin 和 Wu[10]使用了 7 个参数研究了压裂选井的多属性决策选择;Zoveidavianpoor[11]考虑了 8 种因素作为最适合压裂井的驱动因素。上述作者选用的标准见表 2 - 1。

表 2 - 1 压裂井储层质量的评价标准

作　者	影响因素选取
Xiong 和 Holditch	渗透率/黏度;表皮因子;产层厚度;含水饱和度;地层压力梯度;井筒条件;泄油面积;埋藏深度;孔隙度
Yang	地层压力;渗透率;采收率;含水饱和度;油井产量;采收率;流动效率;垂直非均质性;生产压差
Yin 和 Wu	表皮系数;渗透率;流度;水侵量;油藏压力;裂缝宽度;裂缝效应
Zoveidavianpoor	渗透率;表皮系数;含水饱和度;孔隙度;产层净厚度;泄油气面积;储层压裂;储层埋藏深度

杨位民[12]将影响压裂效果归结为地层静态参数、油井生产动态参数和压裂施工参数;选取了相应的油层厚度、孔隙度、渗透率、水井连通厚度、微幅度构造、受效方向、综合含水、生产时间、采出程度、采液强度、地层系数、地层压力、累计注采比,对压裂井储层质量进行了综合评价。

刘长印[13]提取了对压裂效果影响密切的含油饱和度、孔隙度、压裂厚度、平均小层厚度、油层厚度、跨距、含油级别、泥质含量、含水率、气油比、油井生产时间、目前生产状况、加砂量、加砂强度、单位厚度液量、前置液比例、砂比和排量等参数,采用数学统计、神经网络等方法对压裂井的效果进行了预测,完成了压裂井的储层评价。

肖芳淳[14]研究了压裂选井的模糊物元评价分析方法,他将影响压裂效果的主要影响因素分为两类,即越大越优型和越小越优型。其中,越大越优型的因素有采出程度、产层厚度、可采储量、油层压力等,越小越优型的因素有渗透率、有效孔隙度和表皮系数等。利用建立的模糊物元评价模型,优选了压裂井。

曾凡辉[15]对乌里亚斯太油藏 23 口开发压裂井的地质参数、生产动态参数和施工参数进行数据统计和分析,选择了施工排量、加砂强度、平均砂比、前置液比例、储层有效厚度、孔隙度、地层渗透率、含油饱和度、地层压力等作为压裂效果的主要因素,实现了对压裂井储层的综合评价,评价结果与现场吻合程度高。

谢润成[16]等人结合气藏地质、压裂及试井资料,以单井储层压裂后的稳定产气量作为母序列,以储层的岩性、有效厚度、压裂段气层中部井深、压裂段与隔层间应力差、深侧向电阻率、泥质含量、孔隙度、含水饱和度、储层压裂时的地层压力等 9 项参数指标为子序列,运用灰色关联方法评价了压裂效果与地层参数和施工参数的关联程度,评价出了有效的压裂井层。

在实际应用过程中,不是上述所有参数都能获取到。此外,储层质量是由各种评价因素组成的复杂系统,并且各因素之间具有不同程度的相关性,每一因素都只能从某一方面反映储层质量,采用单因素作评价具有很大偏差[3]。

二、压裂井储层质量评价方法

影响压裂井储层质量评价的因素众多,并且各因素之间会产生相互影响。为了解决对压裂井储层质量的综合评价这一复杂问题,目前发展和形成的方法主要有定性评价方法和定量评价方法两种。

1. 定性评价方法

传统的压裂井储层质量评价方法的研究是从定性角度出发,其主要依据为能量和可采储量。因为压裂井储层物质基础和能量是改造效果最根本的保证,无论用什么方法开展储层质量评价都必须保证这两点。常见的研究包括从动态分析、监测资料、小层对比、沉积微相研究等角度出发。

1)动态分析法

首先追溯油井动用井史,结合注采关系,确定油井的分层产状,则适合压裂的层段就能确定,一般含水低、产液也较低的层是适合改造的层段;然后判断能量供给情况,只有能量供给充足才能保证压后增产能力以及有效期。并不是所有产状适合、能量充足的井层都能压裂,必须分析层段的压裂必要性。一般认为压裂有 3 个必要条件:区域内层段产出较高,区域内具有充足的能量,该层段受效不明显,须通过压裂造缝,提高导流能力;油层改造程度低,不能充分发挥本层能力,必须通过压裂完善改造程度;油层存在污染等。

2)监测资料法

监测资料法直接应用监测资料,主要是产液剖面、碳氧比(C/O)和压力等资料的直接应用,分别反映油气井生产层段产状、含油饱和度、地层能量。另外,环空测压表皮系数可以直接反映地层污染程度。也可以利用监测资料所反映的区域内饱和度和能量情况,用于指导非监测井的选井选层。

3)小层对比法

平面对比是将目标层测井曲线所反映的物性、电性与已动用井对比,来判断其潜力。纵向对比用于目的层在区域内无动用,依靠与本井已动用层相比较来确定潜力,主要适合新层试验和死井复活。

2. 定量评价方法

1)传统数学方法

根据油层参数对压裂效果的影响,可以利用传统数学方法建立数学模型反过来对压裂效果进行预测,从而指导压裂井储层评价。传统的数学方法主要是利用已有的压裂井数据,通过对压裂效果与影响因素间的关系进行拟合得到数学模型。常用的数学模型有[17-18]:

(1)单因素非线性模型。对已有的井、层的压裂效果数据与各单因素进行一元非线性拟合,得到压裂效果与单因素之间的非线性模型。根据模型可以计算出目标井在各单因素条件下的压裂效果,然后将各因素的结果加以平均便可得到其压裂效果的综合预测值,经验证这些预测值与样本的实际值往往有较大误差。

（2）多参数线性预测模型。运用多元统计分析方法对所有参数进行拟合,得到压裂效果与多因素之间的多参数线性预测模型,经验证对样本预测结果仍然不理想,误差较大。

（3）主参数线性预测模型。用逐步回归方法选出多因素中的主要参数,建立主参数与压裂效果间的关系式。经验证,用此关系式对压裂效果进行预测,预测精度比多因素模型还差。

造成上述模型预测误差大的主要原因在于,用来建立预测模型的绝大部分参数与压裂效果呈非线性关系,而用线性的方法建立的预测模型不能表达其间的非线性关系,因而误差较大。在一元模型中尽管使用了非线性方法,但各因素是独立的,并未考虑各因素间相互作用。

根据上面的分析可知,采用传统数学方法的拟合、回归,其在处理这类问题时有很大的局限性,主要表现在以下方面:

（1）必须先建立回归模型,指定输入、输出之间的线性或非线性关系,对于复杂的多参数输入情况,通常很难事先制定其对应的关系。

（2）所建立的回归模型是精确的,而实际情况是压裂井储层质量评价具有一定的模糊性,能够对相似的样本产生相同的评价优先等级,特别是参数离散化得到的参数值具有一定的"噪声",在传统回归模型中无法处理这类带"噪声"的数据。

2）模糊综合评价方法

压裂井储层质量评价过程是一个开放的多变量系统,具有复杂的非线性和不确定性。实践表明,采用回归、拟合的方法评价储层质量具有以下两种缺点:（1）线性回归预测模型不能表达因素与效果间的非线性关系;（2）建立回归模型时,需要指定输入、输出之间的线性或非线性关系,当参数多、关系复杂时,难以建立相应的数学模型。为了解决这些难题,发展形成了人工神经网络的压裂井储层质量评价方法。人工神经网络采用"隐式"表达方法表示各变量与压裂效果之间的关系,它不需要考虑具体数学模型,就可以建立起影响因素与效果之间的隐含表达式。但是当评价参数多、评价结果复杂时,人工神经网络的储层质量评价方法存在收敛速度慢、计算时间长、网络缺乏可扩充性、确定网络结构困难、普适性不强、泛化推广能力差等缺点。

为了解决上述问题,本章将层次分析、灰色关联分析和模糊数学理论相结合,经过多次综合,将模糊数学中的隶属度和权重系数等涉及人为主观的因素限制在单一、很小范围内,使主观与客观的反差大大减小,借以提高评价精度。该组合模型的优越性在于:

（1）以单因素评价为基础,但又综合了多因素的评价结果,充分体现了储层评价工作综合性的特点。

（2）先进行单因素的综合,然后再综合其他因素对总体评价的共同作用,经过多次综合评价,减少了人为主观因素影响。

（3）对于样本井数据质量要求不高,计算速度快,而且新增加样本数据,可以直接参加计算,并作为下一步储层评价井预测依据。

第二节　压裂井储层质量评价主要因素

根据前面的分析可知,影响压裂井储层质量评价的因素众多,不同区块、不同储层增产效果的主控因素不同。这里以合川地区须家河组储层质量评价为例,来说明选取影响压裂井储层质量评价的主要因素。

根据合川须家河组前期地震储层预测和地质综合研究成果，须二段砂岩储层在合川气田具有大面积分布特点，表现为岩性圈闭气藏特征。但在局部潜伏构造上，由于裂缝、储层孔隙发育程度较高，渗流条件更有利，综合研究认为合川气田须二段气藏是构造背景下的岩性圈闭气藏。另外，从沉积微相平面图来看，合川气田须二段为三角洲前缘亚相沉积，大部分区域以水下分流河道、河口坝微相砂体叠置发育为主，部分区域可以识别出分流间湾、远沙坝等沉积微相砂体。岩心分析和油气测试资料综合分析表明，三角洲前缘水下分流河道和河口坝微相是最利于储层发育的沉积微相，其分布的区域为储层发育区。

因此，针对须家河组压裂气井储层特征，在选择评价参数时这些因素都应该考虑到。储层地质因素包括了构造位置、沉积环境、岩性、裂缝发育程度、储层厚度、孔隙度、渗透率、含油饱和度以及地层压力等因素。压裂是通过形成一条高渗透性的人工裂缝来达到解放储层、提高油气井产量的目的，压裂施工参数包括排量、前置液量、携砂液量、砂量、支撑剂类型、压裂液类型等。

通过对影响合川须家河组储层前期压裂效果的相关因素分析后，挑选出与压裂效果关系相对较密切、影响较大并且容易量化和获取的地质因素和施工参数进行分析，确定影响压裂效果的主要因素，为储层质量评价提供依据。

一、储层质量评价因素选择

要进行储层质量评价，首先需要解决的问题是评价参数选择。针对压裂井的储层评价参数主要可以分为3类：储层储集能力参数、储层流动能力参数和压裂施工参数等。

1. 储层储集能力参数

（1）储层有效厚度。储层有效厚度表征了在目前经济技术条件下、达到储量起算标准的含油（气）层系中具有工业产油气能力的储层厚度。储层有效厚度的大小及在平面上的展布范围是影响单井供泄油面积的重要因素。储层有效厚度是检验压前生产状况、预测压后产量、评价压裂效果的重要参数。它直观反映了储层所含油气规模的体积大小，也是压裂井储层评价的主要依据之一。储层有效厚度主要是以岩心资料分析为基础，单层试油资料为依据，利用测井解释加以确定，并根据试采和开发资料进行检验和修正。储层厚度越大，供油能力越强。储层有效厚度同时也是影响射孔位置、压裂规模和施工排量的重要参数。

（2）储层展布范围。储集体规模是储层评价的另外一个重要因素，一条源远流长的河流入湖可形成上千平方千米的三角洲砂体，在水系不发育的斜坡可能只发育几平方千米的小型砂体。因此，根据储层的地震和地质资料对目的层储集体的规模（面积大小）进行判断和预测，也是储层综合评价必不可少的内容。

（3）孔隙度。孔隙度表征了储层岩样中自身连通孔隙体积与岩样体积的比值，反映了储层对流体储集能力的强弱。孔隙度越大，储层储集流体的能力越强，也是评价油气层压裂前后生产动态和检验压裂效果的关键因素。

（4）含油气饱和度。它反映了在目前状态下，油、气在储层岩石有效孔隙中的充满程度。它是衡量储层储存能力的主要参数，含油气饱和度越高，表明储层含有效流体的成分越高。

2. 储层流动能力参数

1）天然裂缝发育程度

合川须家河组储层岩性—构造油气藏有比较发育的天然裂缝。天然裂缝的存在对储层流体的流动能力有很大影响。因此，在储层评价参数选择时也需要相应的指标来表征和描述天然裂缝，主要考虑的指标有：

（1）构造位置。一般来说，在褶皱构造轴部、倾伏端等构造主曲率较大部位，应力集中，裂缝密度大；而在翼部构造主曲率较小的部位，裂缝发育程度相对较弱。在断裂带附近的应力扰动带，通常是裂缝发育带。

（2）岩性特征。岩性特征是储层裂缝发育的内部因素，岩石中脆性成分越高，颗粒细，孔隙度低，在相同应力作用下，其裂缝更加发育。不同岩性的岩石强度和力学性质不同，因而相同构造应力作用下裂缝的发育程度不一致。一般而言，脆性组分含量高的岩石比脆性组分含量低的岩石具有更高的裂缝密度。

（3）沉积微相。沉积微相是通过控制不同部位低渗透砂岩储层的岩石成分、粒度及层厚来控制裂缝发育程度。一般来说，位于河流三角洲沉积相的水道间和前缘席状砂等，由于岩石颗粒细，砂体单层厚度小而累计厚度大，其裂缝最发育；其次是支流河道和河口坝等微相，岩石颗粒变粗，单层厚度变大，因而累计砂体厚度变大，但裂缝的发育程度变差。储层天然裂缝在钻完井过程中也会有以下相应的显示：

①钻录井显示。通过分析钻时曲线，如果钻时突然加快，能够在一定程度上定性说明地下裂缝的有无和发育程度；另外，钻井过程中有大量钻井液漏失也表明储层发育有天然裂缝。

②测井资料评价。通过分析测井孔隙度的差异表征裂缝，岩心孔隙度代表基质孔隙度，中子测井孔隙度或密度孔隙度代表总孔隙度，与中子测井孔隙度相比，低孔隙度的岩心样品通常认为是采自破裂带。利用双侧向测井资料评价裂缝孔隙度时，电阻率孔隙度对裂缝孔隙度最为敏感。对于裂缝—孔隙型储层来说，由于"截割式"侵入，井壁附近的裂缝被钻井液充填，但岩石孔隙中却保留了较多的原始地层流体，双侧向电阻率测井可以更好地评价储层裂缝。

③试井结果解释。如果试井解释出来的裂缝有效渗透率显著大于通过实验测得岩心基质渗透率，那么表明储层天然裂缝比较发育。

④压裂曲线显示。有裂缝的油井在压裂施工过程中压开油层后施工压力往往并不下降，所以破裂压力往往等于裂缝延伸压力，因此没有明显的破裂压力值。

2）有效渗透率

通过常规测井资料或者岩心分析求取的渗透率往往仅反映了储层岩石的基质渗透率。储层渗透率是影响油气井生产动态的主要参数之一，它表征了储层流体在多孔介质中的流动通过能力，直接影响压裂施工过程中液体的滤失，并与裂缝的形成、延伸及其最终的几何尺寸紧密相关，直接影响增产效果。同时它也是检验井在压前的生产状况、预测压后产量及评价压裂效果的重要参数，是储层定性评价标准之一，也是影响施工参数、优化压裂规模的重要因素。储层渗透率的获取方法主要有压力恢复试井、产能试井、岩心测试、测井曲线计算等。根据须家河组储层资料获取的难易程度，这里主要根据测井资料计算储层渗透率。

3）地层压力

对于水力压裂作业,地层压力是十分重要的参数,它也是鉴别油气藏驱动能量的一个参数。地层压力越高,储层能量越丰富,经过压裂改造后获得高产的潜力就越大。因此,地层压力的高低直接关系到压裂施工是否成功,更关系到压裂液返排和压后增产效果。现场实践证明,地层压力过低或过高都不能取得理想的增产效果。

如果地层压力过低,它会引起滤失的增加,从而使压裂液对储层的伤害增加。此外,地层压力过低,造成压裂液返排困难,增加滤液污染,从而使裂缝内的残渣浓度增加,裂缝导流能力受到伤害,缝宽变窄,裂缝内铺砂不均匀,浓度降低,最终严重影响该井的增产效果;由于储层能量的不足,使得生产压差变小,增产效果变差。

如果地层压力过高,会使最小水平主应力增加,裂缝内净压力减小,从而使造缝宽度和支撑缝宽都变窄,严重影响压裂改造效果,对于高渗透层更是如此。此外,随着储层压力的升高,最小水平主应力也相应增加,而隔层的应力却相对恒定,因此,上下隔层与储层之间的应力差变小,从而使缝高不容易控制,不断向上下延伸,这就减少了支撑剂的有效充填面积,也缩短了有效支撑缝长,大大降低了有效支撑缝宽。

4）生产压差

生产压差的控制对于压裂效果具有重要意义。在压裂后,裂缝闭合不严,初期应控制压差,如果生产压差过大,较快流速流体的冲刷、携带能力很大,会造成支撑剂返吐,从而影响导流能力。当裂缝闭合完全后可以加大生产压差,但不是越大越好,也应控制压差在该井的临界压差附近。

5）储层污染程度

表皮系数是储层污染程度的量度。表皮系数为正,表示储层受到污染;表皮系数越大,压后解除污染后可能获得高产。该参数的大小可以通过试井分析获得。

3. 压裂施工参数

1）施工排量

压裂施工过程中,施工排量是反映压裂改造时进液速度大小的一个重要参数。排量的大小对裂缝的延伸、裂缝的空间展布、裂缝宽度和高度都会产生很大的影响。高排量有利于输送支撑剂并使储层得到充分开采;但是高排量注液可能使裂缝穿进遮挡层,尤其当产层与附近气水层封隔作用不明显时,窜层非常危险。因此,合理的施工排量是提高施工成功率、保证压裂效果的重要因素,它起到造缝和携带支撑剂的重要作用。分析施工排量与压裂效果的相关关系,对判断设计施工排量的合理性、实现支撑剂在裂缝高度和长度上有效铺置具有重要意义。

2）前置液量

前置液量多少对于提高和改善压裂效果具有重要影响,它具有正反两方面作用。适量的前置液量可有效将地层压开,并使裂缝延伸到理想位置并实现支撑剂的合理铺置。若前置液量过大,虽有利于裂缝的延伸和支撑剂运移,但裂缝高度过度扩展且压后不易排出,无论对支撑裂缝导流能力,还是对基质渗透率都有较大伤害,会显著影响压裂效果;若前置液量过小,在压裂过程中会提前滤失,不利于造缝和支撑剂的携带运移,严重时会导致施工过程中出现砂堵,导致施工失败,影响压裂效果。

3)支撑剂量

支撑剂量多少直接反映了压裂支撑裂缝体积的大小,它是支撑裂缝长度、宽度与高度乘积的组合,在生产过程中反映为支撑裂缝中的支撑剂铺置情况和裂缝导流能力。砂量偏低,导致支撑裂缝的导流能力低,长期生产过程中由于支撑裂缝受到伤害以及作用在支撑剂上的有效闭合压力增加,支撑裂缝导流能力容易损失,从而失去高渗流特性,直接影响增产效果。砂量过高,如果前置液量和排量配合不恰当,容易造成施工风险,而且形成的高导流能力裂缝使裂缝输送流体能力大于储层供给能力,造成了支撑裂缝导流能力损失,没有实现砂量优化。

4)携砂液量

砂量与携砂液量比值为平均砂液比,平均砂液比直接反映了压裂支撑裂缝中的支撑剂铺置情况和裂缝导流能力。如砂液比过低,必然导致加砂强度低,导致支撑裂缝的支撑能力低下,支撑裂缝的导流能力容易损失;而且压裂后也不易形成楔形铺砂剖面,影响压后产量。

4. 储层质量评价效果

一口井压裂后效果的好坏直接反映了地层储集能量、渗流能力和施工参数的匹配关系。评价一口井压裂效果的好坏参数主要有压裂后初期产量、压裂后30天累计产量和压裂有效期。根据目前合川须家河组储层压裂井产量资料情况,压裂前射孔没有测试产量,因此选取气井测试产量作为压裂效果的评价指标。

二、压裂井储层质量单因素评价

压裂井储层质量评价的主要工作为压裂效果评价与预测。由于该气田已经有了一定数量的压裂井,因此后续压裂井在压裂工艺、设备、压裂液及支撑剂不变的情况下,可以利用前期压裂井数据和生产数据进行储层质量评价,提高预测的准确性。在众多影响压裂效果的因素中,有些参数对压裂效果敏感,有些参数不敏感,因此,必须充分考虑压裂井储层质量评价的多种参数影响,主要包括压裂井储层质量评价参数选择、压裂效果与地质参数相关性分析、压裂效果与施工参数相关分析等。

1. 压裂井储层质量评价参数选择

结合合川须家河组储层前期资料录取情况,通过采用相关性分析,并结合现场专家经验,最终确定了14个研究参数,进一步可以分为两类:其中第一类是地质参数,主要包括构造位置、储层岩性、深侧向电阻率、浅侧向电阻率、自然伽马、补偿声波、补偿中子、储层有效厚度、孔隙度、含水饱和度作为评价合川须家河组储层储集能力和渗流能力的基本参数;第二类是施工参数,主要包括施工排量、平均砂比、前置液比例和加砂强度。压裂效果选取了测试产量,见表2-2。

表2-2　须家河组储层前期部分压裂井参数统计表

基础参数			地质参数										施工参数				压裂效果
井号	储层中部深度(m)	构造位置	储层岩性	深侧向电阻率(Ω·m)	浅侧向电阻率(Ω·m)	自然伽马(API)	补偿声波(μs/ft)	补偿中子(PU)	补偿密度(g/cm³)	储层有效厚度(m)	孔隙度(%)	含水饱和度(%)	排量(m³/min)	砂比(%)	前置液比例(%)	加砂强度(m³/m)	测试产量气(10⁴m³/d)
合川1井	2115.0~2120.0 2148.0~2155.0	川中—川南过渡带街子坝构造顶部	细砂岩	14.5	14.5	70.75	72.10	12.63	2.45	12.00	9.20	51.25	3.22	21.8	34.3	2.2	4.45
合川7井	2155~2158 2161.5~2166	川中—川南过渡带合川—街子坝构造西部	细砂岩	16	14	69.50	69.75	11.50	2.46	7.50	7.00	47.50	3.15	21.8	36.4	3.1	1.20
合川4井	2109.8~2124.8	川中—川南过渡带合川—街子坝构造西部	灰白色细—中砂岩	16	16	81.00	69.50	11.85	2.48	15.00	9.60	34.00	3.20	22.2	34.3	2.8	0.64
合川6井	2174.0~2189.8 2191.0~2212.0	川中—川南过渡带合川—街子坝构造	灰色细砂岩	5.75	6.25	88.00	71.50	16.65	2.42	36.80	9.70	71.00	3.20	23.6	35.8	1.0	0.84
合川101井	2290.6~2299.5 2308.3~2316.5	合川—街子坝构造底界东北部	灰白色中砂岩、灰色细砂岩	12.5	13.6	60.50	67.75	11.43	2.50	17.10	5.90	60.00	3.50	21.9	34.4	2.4	0.36
合川121井	2196.9~2201.5 2208.2~2215.8 2220.0~2227.7	合川—街子坝须三段底界构造北端	灰白色细砂岩	28	28	62.00	63.50	6.90	2.54	19.90	3.90	35.00	3.50	21.7	30.8	2.6	0.57
合川124井	2117.5~2123 2140~2146 2152~2158 2162.5~2166	合川构造须三段南高点	浅灰色细砂岩	7.6	6.67	63.25	68.30	14.30	2.55	20.50	10.83	76.00	3.63	22.0	35.2	1.5	8.61

续表

| 井号 | 基础参数 | | | 地质参数 | | | | | | | | | 施工参数 | | | | 压裂效果 |
	储层中部深度 (m)	构造位置	储层岩性	深侧向电阻率 (Ω·m)	浅侧向电阻率 (Ω·m)	自然伽马 (API)	补偿声波 (μs/ft)	补偿中子 (PU)	补偿密度 (g/cm³)	储层有效厚度 (m)	孔隙度 (%)	含水饱和度 (%)	排量 (m³/min)	砂比 (%)	前置液比例 (%)	加砂强度 (m³/m)	测试产量气 (10⁴m³/d)
合川001-15-x1	2454~2466	合川、街子坝须三段底界构造	砂岩	7	8	64.50	71.00	17.50	2.43	12.00	8.50	58.00	3.90	20.5	31.3	2.6	5.06
合川001-9-x1	2392.0~2396.0 2399.5~2401.5	合川须三段底界构造南端	灰绿色细砂岩	8.75	8.75	82.00	68.18	14.80	2.48	6.00	6.25	68.00	3.00	16.8	42.9	2.9	0.95
合川001-3-x2	2501~2510	川中—川南过渡带，合川、街子坝须三段底界构造	灰白色细砂岩	18.27	18.27	78.00	64.10	9.77	2.51	9.00	6.00	62.00	3.10	21.5	29.4	4.4	2.40
合川001-9-x1	2392.0~2396.0 2399.5~2401.5	合川须三段底界构造南端	灰绿色细砂岩	8.75	8.75	80.80	68.18	14.80	2.48	6.00	6.25	68.00	3.00	16.8	42.9	2.9	0.95

2. 压裂效果与地质参数相关性分析

根据前期地质、地震资料分析,合川气田须二段的油气分布不完全受构造控制,气水分异与构造有关,为构造背景上的岩性圈闭气藏。据此表明控制合川气田须二段的油气产量同时受到岩性和构造的控制,因此统计分析了前期压裂井平均测试产量与所处构造位置的关系。

图 2-1 统计分析了合川气田须家河组储层测试产量与构造位置的关系结果,由图可知,当压裂井处于构造顶部时平均测试产气量达到 $4.1 \times 10^4 \mathrm{m}^3/\mathrm{d}$,当压裂井位于构造翼部时测试产量平均为 $2.6 \times 10^4 \mathrm{m}^3/\mathrm{d}$。由此可见,构造位置对压裂井效果影响显著。

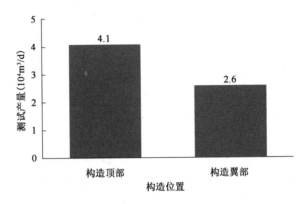

图 2-1 测试产量与构造位置的关系

图 2-2 统计了合川气田须二段测试产量与岩性特征的关系结果。可以看出,前期压裂井的岩性主要有细砂岩、中砂岩、细中砂岩和砂岩 4 类。从统计结果可以看出,当钻井位置处于细砂岩层时产量最高,平均测试产量为 $3.86 \times 10^4 \mathrm{m}^3/\mathrm{d}$;钻井位置处于细中砂岩层时产量最低,平均测试产量为 $2.51 \times 10^4 \mathrm{m}^3/\mathrm{d}$。

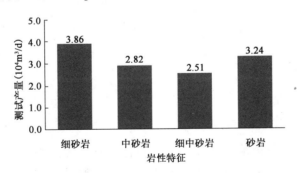

图 2-2 测试产量与岩性特征的关系

图 2-3 统计了合川气田须二段测试产量与储层有效厚度的关系。可以看出,前期压裂井的厚度主要集中在 8~30m 之间,测试产量与储层有效厚度表现出较好的正相关关系,反映出有效厚度越大,压裂后测试产量越高。

图 2-4 统计了合川气田须二段测试产量与深浅电阻率差值的关系。深浅电阻率差值的大小反映了地层天然裂缝的发育程度。由图可见,深浅电阻率差值主要分布于 $-1.2~2.2\Omega \cdot \mathrm{m}$,

测试产量与深浅电阻率差值表现出正相关关系,反映深浅电阻率差值越大,压裂后测试产气量越高。

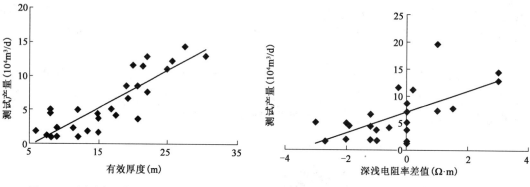

图 2 - 3　测试产量与有效厚度的关系　　　图 2 - 4　测试产量与深浅电阻率差值的关系

图 2 - 5 统计了合川气田须二段测试产量与孔隙度的关系结果。孔隙度大小反映了储层储集能力的大小。如图 2 - 5 所示,孔隙度主要分布于 4% ~ 11%,测试产量与孔隙度呈正相关关系,反映出孔隙度越高,测试产量越大。

图 2 - 6 统计了合川气田须二段测试产量与含气饱和度的关系结果。含气饱和度大小反映储层流体中天然气的充满程度,是表征储集能力大小的重要参数。合川须二段储层含气饱和度主要分布于 30% ~ 75%,测试产量与含气饱和度呈正相关关系,含气饱和度越高,测试产量越高。

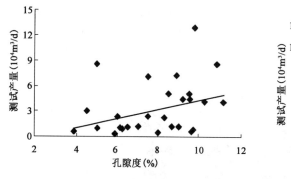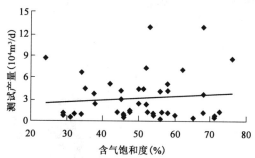

图 2 - 5　测试产量与孔隙度的关系　　　　图 2 - 6　测试产量与含气饱和度的关系

图 2 - 7 统计了合川气田须二段测试产量与自然伽马的关系结果。自然伽马的大小反映了储层中泥质含量高低,泥质含量越高,砂岩成分的含量越低。如图 2 - 7 所示,自然伽马主要分布于 58 ~ 84API,测试产量与自然伽马呈负相关关系,反映出自然伽马越高,测试产量越低。

图 2 - 8 统计了合川气田须二段测试产量与补偿中子的关系结果。补偿中子的大小反映地层中含氢量的多少,主要反映储层流体的多少,间接反映储层储集能力大小。从统计结果可以看出,合川须二段储层补偿中子主要分布在 7 ~ 17PU,测试产量与补偿中子呈正相关关系,反映出补偿中子越大,测试产量越大。

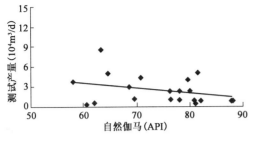

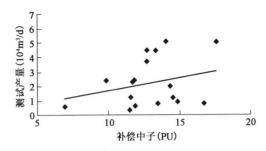

图 2 – 7　测试产量与自然伽马的关系　　　　图 2 – 8　测试产量与补偿中子的关系

图 2 – 9 统计了合川气田须二段测试产量与补偿密度的关系。补偿密度是储层颗粒排列紧密程度、岩石骨架密度等综合因素的反映，间接反映了储层孔隙空间的大小。如图 2 – 9 所示，补偿密度主要分布在 2.4 ~ 2.55g/cm³，测试产量与补偿密度呈负相关关系，反映出补偿密度越大，测试产量越低。

3.压裂效果与施工参数相关性分析

图 2 – 10 为合川须二段储层前期压裂后测试产量与施工排量的关系。合理的施工排量是提高施工成功率、保证压裂效果的重要因素。合川须二段储层施工排量主要分布于 3.0 ~ 4.2m³/min，测试产量与排量呈正态分布关系，排量在 3.5m³/min 左右获得的测试产量最大。

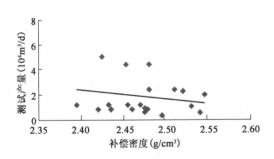

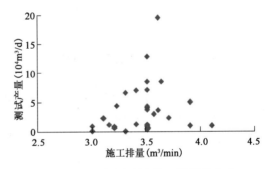

图 2 – 9　测试产量与补偿密度的关系　　　　图 2 – 10　测试产量与施工排量的关系

图 2 – 11 为合川须二段储层前期压裂后测试气量与前置液量的统计关系。适量的前置液量可有效压开储层，并使裂缝延伸到理想位置，实现支撑剂的合理铺置。另一方面，前置液量过大，导致裂缝高度过度扩展，同时压后不易返排，无论对支撑裂缝长期导流能力，还是对基质渗透率都有较大伤害，会显著影响压裂效果。

图 2 – 12 为合川须二段储层前期压裂后测试产量与携砂液量的关系统计结果。该区块单井携砂液量差异较大，跨度在 150 ~ 700m³，说明该区块存在较大的非均质性，携砂液集中在 200 ~ 400m³ 时测试的产气量较大，携砂液量大于 400m³ 以后增产效果反而有所降低。

图 2 – 13 为合川须二段储层压裂后测试产量与支撑剂量的关系结果。合川气田须二段储层压裂改造支撑剂量范围在 20 ~ 120m³ 之间，从整体趋势来看支撑剂用量越大，取得的增产效果越好。

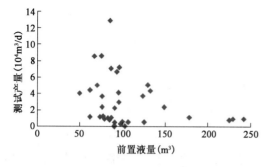

图2-11　测试产量与前置液量的关系

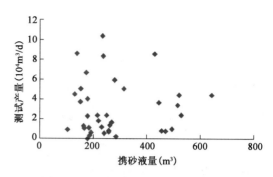

图2-12　测试产量与携砂液量的关系

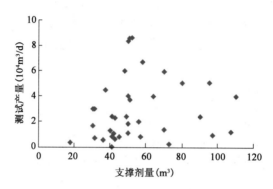

图2-13　测试产量与支撑剂量的关系

三、压裂井储层质量多因素评价

根据前面的分析,影响压裂效果的因素包括了地质因素和施工参数共14个参数。由于前面在进行压裂效果与单因素的相关性分析时,只能定性地判断各影响因素对压裂效果的影响,不能同时考虑多个因素对压裂效果的综合影响,分不清哪些因素与压裂效果关系密切,哪些关系不密切,也就是说难以找到主要矛盾,抓不住主要特征和主要关系。因此,需要采用一种有效的方法评价各个参数对压裂效果的综合影响程度和规律。

灰色系统理论提出了关联度分析的概念,其目的就是通过一定的方法理清系统中各因素间的主要关系,找出影响最大的因素,把握矛盾的主要方面。对两个系统或两个因素之间关联性大小的量度,称为关联度。它描述系统发展过程中因素间相对变化的情况,也就是变化大小、方向及速度等指标的相对性。如果两者在系统发展过程中相对变化一致,则认为两者关联度大;反之,两者关联度小。目前,关联度分析应用十分广泛,几乎渗透到社会和自然科学各个领域。

1.灰色关联分析理论

灰色关联分析实质上是比较数据到曲线几何形状的接近程度。一般来说,几何形状越接近,变化趋势也就越接近,关联度就越大。因而在进行关联分析时,首先必须确定参考序列,然后比较其他数列同参考数列的接近程度,这样才能对其他数列进行比较,进而做出判断,灰色关联分析的步骤如下所述。

1）确定比较数列和参考数列

将影响储层评价的各个因素作为子数列，子数列表达式为

$$r_i = (r_{i1}, r_{i2}, \cdots, r_{im}) \tag{2-1}$$

将气井压裂后的测试产量作为参考数列，其表达式为

$$r_0 = (r_1, r_2, \cdots, r_m) \tag{2-2}$$

式中，m 为因素个数。

2）计算效用函数

描述事物特征的物理量差异很大，但是在分类计算时，只需从数量上分析，必须消除物理量单位的干扰。因此，要利用效用函数的处理方法对描述事物的特征值规格化。使用的处理方法为：根据前期单因素的统计分析结果，对于合川须家河组储层参数越大压裂后产量越高的指标有构造参数、岩性特征、有效厚度、深浅电阻率差值、有效孔隙度、含气饱和度、补偿中子、施工排量；越小越有利的指标有自然伽马、补偿密度、前置液比例、平均砂比、加砂强度。根据前期统计结果的不同，分别按照下面两种方法进行处理：

（1）越大越优型指标，其效用函数的计算式为

$$b_{ij} = \frac{r_{ij} - (r_{ij})_{\min}}{(r_{ij})_{\max} - (r_{ij})_{\min}} \tag{2-3}$$

（2）越小越优型指标，其效用函数的计算式为

$$b_{ij} = 1 - \frac{r_{ij} - (r_{ij})_{\min}}{(r_{ij})_{\max} - (r_{ij})_{\min}} \tag{2-4}$$

式中 $(r_{ij})_{\min}$——第 i 个特征中 n 个样本的最小值；

$(r_{ij})_{\max}$——第 i 个特征中 n 个样本的最大值。

由此可得效用函数矩阵 $\boldsymbol{R}$：

$$\boldsymbol{R} = [b_{ij}]_{m \times n} \tag{2-5}$$

3）求关联系数

$$\xi_i(j) = \frac{\min_i \min_j \Delta_i(j) + \rho \max_i \max_j \Delta_i(j)}{\Delta_i(j) + \min_i \min_j \Delta_i(j)} \tag{2-6}$$

其中

$$\Delta_i(k) = |x_0(j) - x_i(j)| \tag{2-7}$$

式中，$\rho \in (0, +\infty)$ 为分辨系数，ρ 越小，分辨力越大，ρ 的取值区间为 $[0, 1]$。

4）求解关联系数

关联度分析的实质是对时间序列数据进行几何关系比较，若两序列在各个时刻点都重合在一起，即关联系数均等于1，则两序列的关联度也必等于1。另一方面，比较序列在任何时刻也不可垂直，所以关联系数均大于0，故关联度也都大于0。因此，两序列的关联度便以两序列各个时刻的关联系数的平均值计算，即

$$\gamma_j = \frac{1}{m} \sum_{k=1}^{m} \varepsilon_i(j) \tag{2-8}$$

5)求解关联度

为了能够在整体评价中真实反映某个参数对压裂效果的重要程度,利用关联度计算各参数的权重定量分配。

$$W_i = \frac{r_i}{\sum\limits_{i=1}^{n} r_i} \quad\quad (2-9)$$

2. 影响储层质量因素重要性排序

1)样本空间选择

根据前面统计的基础井数据,作为样本进行分析,见表2-3。

表2-3　因子代号与分析参数对照表

深浅电阻率差	自然伽马(API)	补偿声波(μs/ft)	补偿中子(PU)	补偿密度(g/cm³)	有效厚度(m)	孔隙度(%)	含气饱和度(%)	排量(m³/min)	支撑剂量(m³)	前置液量(%)	携砂液量(m³)	构造位置	储层岩性	测试产量(10⁴m³/d)
x_1	x_2	x_3	x_4	x_5	x_6	x_7	x_8	x_9	x_{10}	x_{11}	x_{12}	x_{13}	x_{14}	y_1

2)原始数据进行标准化处理

由于影响压裂井产量各个因素的量纲单位各不相同,有些因素间数量级也不相同,这样的数据很难直接比较,因此对原始数据要消除量纲,转换为可比较的数据序列。通常采用标准化变换,即先分别求出各个序列的平均值和标准差,然后将各个原始数据减去平均值再除以标准差,这样得到的新数据序列即为标准化序列。根据灰色关联理论将表2-3选择的数据进行标准化处理,分辨系数选取0.5,标准化处理的结果见表2-4。

表2-4　数据标准化处理结果

x_1	x_2	x_3	x_4	x_5	x_6	x_7	x_8	x_9	x_{10}	x_{11}	x_{12}	x_{13}	x_{14}	y_1
-0.052	-0.346	1.037	-0.329	-0.454	-0.464	0.558	-0.400	-0.464	-0.026	-0.259	-0.467	1.035	0.465	1.006
-0.052	-0.476	0.790	0.364	-1.724	1.195	0.449	0.023	0.535	1.680	0.486	-0.935	-0.723	0.465	-0.442
2.344	-0.476	0.072	-0.747	-0.201	-0.933	-0.635	-0.718	-0.714	-0.039	0.334	-0.009	-0.723	0.465	-0.442
-0.052	0.718	-0.031	-0.618	0.307	-0.151	0.775	-1.862	-0.535	0.147	-0.234	-0.141	-0.723	-2.563	-0.692
-0.651	1.445	0.790	1.160	-1.216	2.123	0.829	1.274	-0.535	0.743	0.171	-1.020	-0.723	0.465	-0.603
-0.052	1.419	0.585	-0.044	-0.201	-0.328	0.829	-0.845	0.535	0.700	-0.580	2.325	-0.723	0.465	-0.603
-0.052	-0.346	0.515	-0.099	0.307	-0.464	0.737	-0.337	-1.249	-0.740	0.618	1.366	1.035	0.465	1.006
-1.370	-1.410	-0.750	-0.773	0.815	0.068	-1.232	0.341	0.535	-0.005	-0.206	-0.354	-0.723	-2.540	-0.817
-0.052	-1.254	-2.496	-2.451	1.831	0.360	-2.317	-1.778	0.535	-0.077	-1.241	-0.245	0.599	0.465	-0.723
1.062	-1.125	-0.524	0.290	2.085	0.423	1.442	1.697	0.999	0.059	-0.003	-0.779	2.884	0.465	2.860
-1.251	-0.995	0.585	1.475	-0.962	-0.464	0.178	0.172	1.963	-0.562	-1.097	-0.245	0.599	-0.933	1.278
-0.052	0.822	-0.573	0.475	0.307	-1.090	-1.042	1.019	-1.249	-2.125	2.168	-0.094	0.599	0.465	-0.554
-0.052	-0.476	0.790	0.364	-0.962	1.195	0.449	0.002	0.535	1.680	0.486	-0.935	-0.723	0.465	-0.442

续表

x_1	x_2	x_3	x_4	x_5	x_6	x_7	x_8	x_9	x_{10}	x_{11}	x_{12}	x_{13}	x_{14}	y_1
-0.651	1.445	0.790	1.160	-0.708	2.123	0.829	1.274	-0.535	0.743	0.171	-1.020	-0.723	0.465	-0.603
-0.052	0.407	-2.249	-1.388	1.069	-0.777	-1.178	0.511	-0.892	-0.153	-1.637	0.572	-0.723	0.465	0.092
-1.251	-0.995	0.585	1.475	-0.962	-0.464	0.178	0.172	1.963	-0.562	-1.097	-0.245	0.599	-0.933	1.278
-0.052	0.698	-0.573	0.475	0.307	-1.090	-1.042	1.019	-1.249	-2.125	2.168	-0.094	0.599	0.465	-0.554
2.344	-0.476	0.072	-0.747	0.054	-0.933	-0.635	-0.718	-0.714	-0.039	0.334	-0.009	-0.723	0.465	-0.442
-0.052	1.419	0.585	-0.044	0.307	-0.328	0.829	-0.845	0.535	0.700	-0.580	2.325	-0.723	0.465	-0.603

3）将各影响因素与压裂效果之间做关联性分析

根据标准化处理后的数据，将影响压裂效果的各因素与压裂效果做关联性分析，见表2-5。

表2-5 关联系数排序结果表

排 序	因 子	关联系数	备 注
x_1	x_{13}	0.8552	构造位置
x_6	x_4	0.7184	补偿中子
x_{11}	x_9	0.7182	排量
x_5	x_3	0.715	补偿声波
x_3	x_1	0.7135	电阻率差
x_{14}	x_{12}	0.708	携砂液量
x_9	x_7	0.6989	孔隙度
x_{10}	x_8	0.6926	含水饱和度
x_7	x_5	0.6856	补偿密度
x_{13}	x_{11}	0.6708	前置液量
x_4	x_2	0.6625	自然伽马
x_8	x_6	0.6511	有效厚度
x_2	x_{14}	0.6407	储层岩性
x_{12}	x_{10}	0.6242	支撑剂量

4）各因素对压裂效果的影响程度排序

根据灰色关联理论，关联系数的大小反映了各影响因素对压裂效果的影响程度，从表2-5、图2-14可以看出，对于须家河组储层压裂气井，各影响因素对压裂效果的影响重要次序依次为构造位置、补偿中子、排量、补偿声波、电阻率差、携砂液量、孔隙度、含水饱和度、补偿密度、前置液量、自然伽马、有效厚度、储层岩性、支撑剂量。

单独考虑地层参数对压裂后效果的影响，各影响因素对测试产量影响的重要程度排序如下：构造位置、补偿中子、补偿声波、电阻率差、孔隙度、含水饱和度、补偿密度、自然伽马、有效厚度、储层岩性。

图2-15显示了须家河组储层测试产量与地层参数的灰色关联度分析。构造位置与测试

— 43 —

产量的灰色关联度最大为 0.87,其次是补偿中子,最小的是储层岩性。

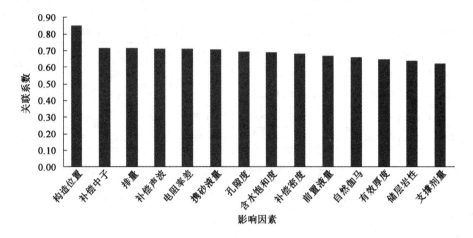

图 2-14 须家河组储层各参数与测试产量灰色关联系数

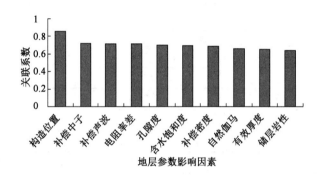

图 2-15 须家河组储层测试产量与地层参数灰色关联度

单独考虑施工参数对压裂后效果的影响,关联系数排序如下:排量、携砂液量、前置液量、支撑剂量。

图 2-16 显示了须家河组储层测试产量与施工参数灰色关联度分析。可以看出,排量与测试产量的灰色关联度最大为 0.072,其次是携砂液量。

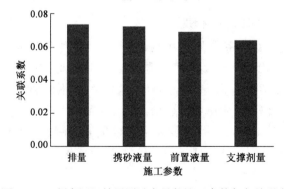

图 2-16 须家河组储层测试产量与施工参数灰色关联度

3. 影响储层质量各因素权重分析

在获得了各地质、施工参数与测试产量的相关性分析后,得到各影响因素与测试产量的相关系数。通过将各相关系数进行归一化处理,就可以得到各影响因素对测试产量影响所占的权重(表 2 – 6、图 2 – 17)。

表 2 – 6　川中须家河组各影响因素对测试产量影响所占的权重

影 响 因 素	权 重	影 响 因 素	权 重
构造位置	0.0877	含水饱和度	0.0710
补偿中子	0.0736	补偿密度	0.0703
排量	0.0736	前置液量	0.0688
补偿声波	0.0733	自然伽马	0.0679
电阻率差	0.0731	有效厚度	0.0667
携砂液量	0.0726	储层岩性	0.0657
孔隙度	0.0716	支撑剂量	0.0640

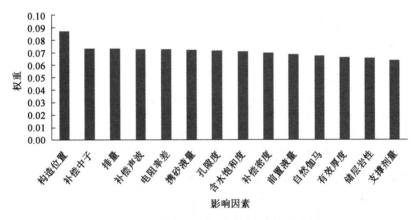

图 2 – 17　须家河组各影响因素所占的权重

从各影响因素对产量影响所占的权重分析统计结果可以看出,构造位置所占的权重最大,权重值达到了 0.0877。这是因为该储层为构造岩性油气藏,天然裂缝发育程度与构造位置有关。因此,构造位置是控制产量的最主要因素。

第三节　压裂井储层质量模糊综合评价

一、压裂井储层质量综合评价原理

按照系统论的观点,系统是由众多要素组成的。压裂井储层本身是一个复杂的系统,因此储层评价系统也是由诸多要素构成的,这些诸多要素还应该是多层次的,其中基本要素起着决定性的作用。就每一口压裂井即评价对象而言,影响储层质量的众多因素其优劣总是参差不齐的,其中的每一项参数都存在"Ⅰ""Ⅱ""Ⅲ""Ⅳ"等评语等级,多项参数交织在一起很难进行评价。压裂井储层质量综合评价就是对一个对象多个影响因素的多种评语综合评价,最终得到一个综合评判指数,依据它来对储层进行分类。

为了科学客观地对压裂井储层质量优劣做出度量,就必须建立起衡量储层好坏的尺度——指标以及指标体系。依据压裂井储层质量评价的概念和特征,将其分解为储集能力、流动能力2个基本要素来综合反映储层质量。为实现定性与定量研究的统一性,储层质量的量化指标体系将围绕以上2个要素来构建,并进一步对每一个基本要素进行因素分解,按照科学性、系统性、可比性、可操作性、相对独立性以及定性与定量相结合的原则,建立了一个包含目标层、要素层、指标层3个层次的指标体系,见图2-18。

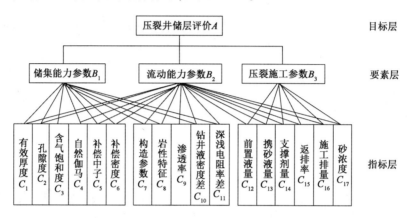

图2-18　压裂井储层评价层次结构模型

每个要素层都可细分得到若干指标层因素,这些指标层特征总和即为此上层因素的特征,如有效厚度、孔隙度、含气饱和度、自然伽马、补偿中子、补偿密度加起来即表现为储层的储集能力。这也说明,指标层的若干集合,构成了要素层的各个因素,从而构成了整个要素层。然而,情况并不如这样简单,指标层并不只是对分出它的要素层有贡献,它还会对上一层次中别的要素层有贡献。比如,有效厚度不但反映了储层的储集能力,同时也体现了储层流动能力的特征。因为储层越薄,在构造挤压条件下,容易产生裂缝,增强了储层的渗流能力。同样,构造参数(钻井位于构造的不同位置)不仅对储层的流动能力有贡献,对储集能力也有贡献,这样就得到了复杂的递阶层次结构图。图2-18实质上也反映了一口压裂井储层质量的优劣,同时受到储集能力和流动能力特征参数的综合影响,而所有这些特征参数并不是孤立存在的,而是相互作用、相互制约、共同影响才形成了评价储层的特征。因此,可以使用层次结构—模糊综合评价的方法来反映储层特征参数间的内在联系,从而解决定量预测储层评价的问题[2-4,19]。

二、压裂井储层质量模糊综合评价模型

1.建立评价因素集

因素是参与评价的指标。在压裂井储层评价中,因素集就是参与评价井 n 个因素组成的模糊子集,记成 $u=(u_1,u_2,\cdots,u_n)$。

2. 建立评价集

评价集合 $v = (v_1, v_2, \cdots, v_n)$，$v$ 是一个全序集，即对 v 中任意两个评语之间总存在等级差别。v 是 u 中评价因子相应的评价标准集合。在压裂井储层质量评价中，v 是各个评价因素相应的储层质量等级的集合。

3. 确定评价因素模糊权向量

通常各因素的重要程度不同，因此对每个因素 u_i 赋予一个相应的权重 $a_i(i = 1, 2, 3, \cdots, n)$ 构成权重集 A。准确量化指标的权重确定将会直接影响量化结果，灰色系统理论法是通过灰色关联分析来寻求系统中各因素的主要关系，找出影响各项评价指标的重要因素，从而掌握事物的主要特征。为了力求在权重的确定上达到客观公正，从而使量化结果更加符合实际，本书选用灰色关联理论确定单个评价因素的权重。通过引入灰色关联分析的计算方法，利用现场大量的资料，客观确定各影响因素和层次的权重。使用灰色关联理论确定权重主要包括 3 个步骤：

(1) 确定比较数列和参考数列：将影响储层质量评价的各个因素作为子数列，将气井压裂后的无阻产量作为参考数列，并将其进行归一化处理。

(2) 求关联系数。

(3) 计算各子数列与参考数列间的关联度，关联度的大小体现了各影响因素对无阻产量所占的相对重要性。对各单因素的关联度值进行归一化运算得出因素的权重系数。

4. 确定单因素评价矩阵

1) 确定隶属函数

隶属函数是模糊集合应用于实际问题的基石，隶属函数形式不同计算出的模糊事件概率也不同，所以必须要确定比较合理的隶属函数形式。从一个因素 u_i 出发进行评价，以确定评价对象评价元素 v_j 的隶属度称为单因素模糊评价。这里采用近似正态分布隶属函数：

$$u_v(d) = e^{-[(d-a)/b]^2} \tag{2-10}$$

式中 d——评判因素数值；

       v——评语等级；

       a、b——指标参数。

确定同一评语等级的隶属度函数：

$$u_{v_j}(d_j) = e^{-[(d-a)/b]^2} \tag{2-11}$$

式中 d_j——第 j 个评判因素；

       $u_{v_j}(d_j)$——d_j 在评语等级 v_j 上的隶属度。

由式(2-11)可知：当 $d_j = a$ 时，$u_{v_j}(a) = 1$，隶属度最大，所以 a 为某等级的数学期望，即

$$a = (d_1 + d_2)/2 \tag{2-12}$$

相邻评语等级隶属度相等的点称为过渡点。过渡点既是前一评语等级的下限，又是后一评语等级的上限，因此一般取过渡点的隶属度为 0.5，即

$$u_{v_j}(d_1) = e^{-[(d_1 - d_2)/2b]^2} \tag{2-13}$$

$$b = \sqrt{(d_1 - d_2)^2 / 4\ln 2} \qquad (2-14)$$

式中　d_1、d_2——第 j 个评语等级区间的上、下限值。

a、b 值确定后,即可确定已知的隶属函数关系。对第 i 个因素 u_i 的评价结果组成单因素模糊评价集 $R_i = (r_{i1}, r_{i2}, r_{i3}, \cdots, r_{im})$。

2)单因素评价矩阵

根据以上计算过程,可得到相对于每个因素的单因素模糊评价集。若共有 n 项评价参数 m 级储层标准,则可写出下列 $n \times m$ 阶的模糊矩阵 $\boldsymbol{R}$:

$$\boldsymbol{R} = u_{v_j}(d_i) = \begin{bmatrix} r_{11} & r_{12} & \cdots & r_{1m} \\ r_{21} & r_{22} & \cdots & r_{2m} \\ \cdots & \cdots & \cdots & \cdots \\ r_{n1} & r_{n2} & \cdots & r_{nm} \end{bmatrix} \qquad (2-15)$$

5. 模糊综合评价

单因素模糊评价仅反映一个因素对评价对象的影响,而未反映所有因素的综合影响,也就不能得出综合评价结果。因此,采用普通矩阵的乘积求和算法,将模糊权向量 $\boldsymbol{A}$ 与单因素模糊评价矩阵 $\boldsymbol{R}$ 复合,综合考虑所有因素的贡献,得到各被评对象的模糊综合评价向量 $\boldsymbol{B}$。$\boldsymbol{B}$ 是 v 中的模糊子集:

$$\boldsymbol{B} = (b_1, b_2, \cdots, b_m) = \boldsymbol{A} \circ \boldsymbol{R}$$

$$= (a_1, a_2, \cdots, a_m) \circ \begin{bmatrix} r_{11} & r_{12} & \cdots & r_{1m} \\ r_{21} & r_{22} & \cdots & r_{2m} \\ \vdots & \cdots & \cdots & \vdots \\ r_{n1} & r_{n2} & \cdots & r_{nm} \end{bmatrix} \qquad (2-16)$$

式中,b_m 称为评价指标,它是综合考虑所有因素的影响时评价对象评价第 j 个因素的隶属程度。R 的第 i 行表示第 i 个因素影响评价对象时各个评价元素的隶属程度;第 j 列表示所有因子影响评价对象时取第 j 个元素的隶属程度。因此,每列元素再乘以相应的因子权数 a_i($i = 1, 2, 3, \cdots, n$),能更为合理地反映所有因素的综合影响。

6. 模糊综合评分

将各隶属度加权平均求最终评判结果,将综合评判的结果转化为直观的模糊评分:

$$x = \sum_{j=1}^{m} (b_j \cdot v_j) \Big/ \sum_{j=1}^{m} b_j \qquad (2-17)$$

第四节　储层质量评价及压裂参数优选

一、裂缝性储层压裂井质量评价

为了检验综合评价方法的适用性,采用四川盆地某裂缝性气藏现场实施的井作为例子进行分析。

1. 评价对象选择

合川气田为岩性圈闭气藏,具有较强的构造特征,局部发育天然裂缝,非均质性较强,这里选取合川 124 井为例进行储层质量评价。

2. 样本井选择

选取同处于该构造和层位的已压裂井作为参考样本,根据数据样本的容易获取和方便量化选取了以下样本井作为本次分析的标准,见表 2 – 7。

表 2 – 7 样本井基础数据

井 号	构造名称	构造位置	评价层位	井段(m)
合川 001 – 8 井	合川构造	翼部	须二段	2121.4 ~ 2146.4
合川 001 – 11 – X1 井	合川构造	翼部	须二段	2450.0 ~ 2474.0
合川 001 – 15 – X1 井	合川构造	翼部	须二段	2454.0 ~ 2466.0
合川 1 井	合川构造	顶部	须二段	2115.0 ~ 2155.0
合川 001 – 16 – X1 井	合川构造	翼部	须二段	2327.0 ~ 2357.0
合川 001 – 32 – X1 井	合川构造	翼部	须二段	2274.6 ~ 2305.8
合川 118 井	合川构造	翼部	须二段	2132.5 ~ 2211.0
合川 5 井	合川构造	翼部	须二段	2247.0 ~ 2283.0
合川 120 井	合川构造	翼部	须二段	2316.0 ~ 2345.0
合川 001 – 18 – X1 井	合川构造	翼部	须二段	2477.6 ~ 2559.0
合川 001 – 9 – X1 井	合川构造	翼部	须二段	2392.0 ~ 2401.5
合川 4 井	合川构造	翼部	须二段	2109.8 ~ 2124.8
合川 121 井	合川构造	翼部	须二段	2196.9 ~ 2227.7
合川 101 井	合川构造	翼部	须二段	2290.6 ~ 2316.5
合川 2 井	合川构造	翼部	须二段	2288.0 ~ 2306.5
合川 111 井	合川构造	翼部	须二段	2196.7 ~ 2214.8

3. 评价因素选择

评价储层好坏最重要的是选择影响因素,这在前期压裂井效果分析基础上可知。影响该区压后效果的因素归纳起来主要有影响储集能力参数、影响流动能力参数和压裂施工参数 3 类参数。在众多的影响因素中,有些参数对压裂效果敏感,有些参数不敏感,因此,必须充分考虑压裂井储层质量评价的多种参数影响。通过采用相关性分析,并结合现场专家经验,最终确定了 18 个研究参数:构造位置、储层岩性、钻遇储层后前钻井液密度差、深浅侧向电阻率差、储层有效厚度、沉积微相、油气显示类型、自然伽马、补偿声波、补偿中子、补偿密度、孔隙度、含气饱和度、施工排量、前置液量、携砂液量、支撑剂量、停泵压力。

4. 确定评价标准

由于储层质量优劣是一个模糊概念,考虑到储层质量的评价是多层次、多目标、多因素控制的复杂模糊系统,客观存在不确定性,所以评价的分级标准也具有模糊的特征。其确定方法为根据压裂后的测试产量,结合现场专家意见,分为Ⅰ、Ⅱ、Ⅲ和Ⅳ类4个等级。根据理论分析和数理统计结果,将每项分级区间值列于表2-8、表2-9、表2-10。

表2-8 表征储集能力参数部分

参数等级	储层有效厚度(m)	沉积微相	油气显示类型	自然伽马(API)	补偿声波(μs/ft)	补偿中子(PU)	补偿密度(g/cm³)	孔隙度(%)	含气饱和度(%)
Ⅰ级	31~24	4.0~3.5	4.6~3.5	60~66	72~69	17~14	2.41~2.45	12~9	66~54
Ⅱ级	24~18	3.5~2.9	3.5~2.4	66~71	69~67	14~12	2.45~2.48	9~7	54~43
Ⅲ级	18~12	2.9~2.4	2.4~1.4	71~77	67~65	12~9	2.48~2.51	7~5	43~31
Ⅳ级	12~6	2.4~1.8	1.4~0.3	77~82	65~63	9~6	2.51~2.54	5~3	31~20

表2-9 表征流动能力参数部分

参数等级	构造位置	储层岩性	钻井液密度差	电阻率差
Ⅰ级	4.45~4.12	4.49~3.45	-0.09~0.02	2~1.22
Ⅱ级	4.12~3.8	3.45~2.42	-0.02~0.04	1.22~0.45
Ⅲ级	3.8~3.48	2.42~1.39	0.04~0.11	0.45~0.33
Ⅳ级	3.48~3.16	1.39~0.36	0.11~0.17	-0.33~1.11

表2-10 表征施工参数部分

参数等级	施工排量(m³/min)	前置液量(%)	携砂液量(m³)	支撑剂量(m³)
Ⅰ级	4.09~3.82	242~193	575~457	120~94
Ⅱ级	3.82~3.54	193~145	457~340	94~69
Ⅲ级	3.54~3.27	145~97	340~222	69~43
Ⅳ级	3.27~3	97~49	222~105	43~18

5. 建立模糊权重集

根据前期压裂井资料和灰色关联理论,利用灰色关联度计算得到一级、二级权重数值见表2-11。

表2-11 分级权重数值

二级权重		一级权重	
因素	权重	因素	权重
流动能力	0.204	构造位置	0.072
		储层岩性	0.058
		钻遇储层后前钻井液密度差	0.040
		深浅侧向电阻率差	0.054

二级权重		一级权重	
因素	权重	因素	权重
储集能力	0.511	储层有效厚度	0.066
		沉积微相	0.057
		油气显示类型	0.063
		自然伽马	0.058
		补偿声波	0.063
		补偿中子	0.059
		补偿密度	0.057
		孔隙度	0.061
		含气饱和度	0.058
施工参数	0.285	施工排量	0.057
		前置液量	0.057
		携砂液量	0.062
		支撑剂量	0.058

6. 计算模糊关系矩阵

利用合川气田隶属函数,计算每一个影响压后效果的因素在不同的评价指标向量集下的隶属程度。由式(2-9)计算124井各因素在不同等级区间下的隶属度见表2-12。

表 2-12 124 井各参数隶属度

等级	厚度	孔隙度	含气饱和度	补偿中子	自然伽马	渗透率	补偿密度	构造参数	岩性特征	钻井液密度差	深浅电阻率差值
	20.50m	10.83%	24.00%	14.30PU	63.25API	0.80mD	2.55g/cm³	6.19	3.86	0	0.93Ω·m
Ⅰ类	0.0029	0.0072	0	0.2251	0.1515	0.2570	0	0.9048	0.8744	0.0020	0.0418
Ⅱ类	0.5704	0.7340	0	0.8211	0.9186	0.9727	0	0.0526	0	0.5000	0.9865
Ⅲ类	0.4323	0.2924	0.0147	0.0117	0.0218	0.0131	0.0020	0	0	0.5000	0.0909
Ⅳ类	0	0.0005	0.8599	0	0	0.5000	0	0	0	0.4288	0

7. 模糊综合评价

由具模糊综合评价的模糊权向量 A 与单因素模糊评价矩阵 R 复合公式(2-16),可以得到各被评对象的模糊综合评价向量 B:

$$B = A \circ R = \begin{bmatrix} 0.236 & 0.5014 & 0.1207 & 0.1592 \end{bmatrix}$$

根据模糊评分及类型识别:

$$X = \sum_{j=1}^{4} (b_j \cdot v_j) \Big/ \sum_{j=1}^{4} b_j = 71$$

式中 v_j——对应评语集 A、B、C 和 D 类储层分别为 100、75、50、25。

因此,合川 124 井的评价结果为:对 A、B、C、D 的隶属度依次是 0.236、0.5014、0.1207、

0.1592，可见对 B 的隶属度最大。根据模糊综合评价的最大隶属度原则，该井评价得分为71，与 B 类储层的评语最为接近，可知该井为 B 类储层。该井压裂前射孔后无产量，压裂后获得无阻流量 $8.61 \times 10^4 m^3/d$，增产效果显著，与评判结果相符。

按照上述理论和方法，在合川气田16口井也进行了储层评价，其中13口井的评价结果与实际施工结果吻合良好，符合率达到81.2%，结果见表2-13。

表2-13　合川气田部分井综合评价结果

井号	构造位置	储层井段(m)	预测产量区间($10^4 m^3/d$)	实际产量($10^4 m^3/d$)
合川001-11-X1井	翼部	2450.0~2474.0	5.06~8.61	5.08
合川001-15-X1井	翼部	2454.0~2466.0	3.73~8.61	5.06
合川001-16-X1井	翼部	2327.0~2357.0	3.00~4.45	4.09
合川001-18-X1井	翼部	2477.6~2559.0	0.64~2.29	1
合川001-32-X1井	翼部	2274.6~2305.8	0.95~4.45	3.73
合川001-9-X1井	翼部	2392.0~2401.5	4.09~4.45	0.95
合川101井	翼部	2290.6~2316.5	0.12~1.08	0.36
合川111井	翼部	2196.7~2214.8	2.29~3.00	0.02
合川118井	翼部	2132.5~2211.0	0.95~4.45	3
合川120井	翼部	2316.0~2345.0	0.12~1.00	1.08
合川121井	翼部	2196.9~2227.7	4.45~5.08	0.57
合川124井	顶部	2117.5~2166.0	4.09~5.08	8.61
合川1井	顶部	2115.0~2155.0	4.09~5.06	4.45
合川2井	翼部	2288.0~2306.5	1.00~1.08	0.12
合川4井	翼部	2109.8~2124.8	0.57~1.00	0.64
合川5井	翼部	2247.0~2283.0	0.64~3.00	2.29

二、压裂井压裂参数优选

基于建立的压裂井储层质量综合评价理论，在对压裂井储层质量评价的基础上，进一步引入正交实验分析方法，对压裂井的压裂参数进行了评价。对于一个具体的油气藏，考虑压裂井在压裂工艺、设备、压裂液及支撑剂不变的情况下，利用已压裂井的储层基本参数、压裂参数和增产效果对后续待压裂井的压裂参数进行优选。在众多影响增产效果的因素中，增产效果对有些参数变化敏感，而对有些参数不敏感。通过已压裂井资料，采用相关性分析，并结合现场专家经验，最终选择确定了15口井有效厚度、孔隙度、含气饱和度、补偿中子、补偿密度、施工排量、平均砂比、前置液比例、加砂强度和增产效果数据作为研究基础，见表2-14。其中编号1~15是已压裂井基本参数与增产效果，编号16是需要优选压裂参数的待压裂井基本参数。

表 2 – 14 已压裂井储层参数、施工参数与增产效果统计结果

编号	有效厚度 (m)	孔隙度 (%)	含气饱 和度(%)	补偿中子 (PU)	补偿密度 (g/cm³)	施工排量 (m³/min)	平均砂比 (%)	前置液 比例(%)	加砂强度 (m³/m)	增产效果 (10⁴m³/d)
1	9.0	6.0	38	9.8	2.51	3.1	21.5	29.4	4.4	2.40
2	22.0	11.5	62	16.5	2.42	3.0	20.5	31.3	4.6	5.06
3	6.0	6.3	32	7.8	2.49	3.0	22.8	38.9	2.9	1.95
4	7.5	7.0	43	11.5	2.55	3.2	21.8	36.4	3.1	1.20
5	13.3	7.7	34	8.4	2.52	3.5	21.5	33.1	3.1	1.84
6	20.0	9.2	49	18.6	2.45	3.0	21.8	34.3	6.2	4.45
7	17.9	9.0	44	14.5	2.52	3.2	21.8	36.9	1.2	1.61
8	7.5	7.0	33	9.5	2.56	3.2	21.8	36.4	3.1	1.20
9	15.0	9.6	40	11.9	2.48	3.2	22.2	34.3	2.8	2.64
10	12.8	9.1	36	14.7	2.55	3.3	21.6	32.8	1.6	1.84
11	13.3	6.7	44	8.4	2.53	3.2	23.5	33.1	1.5	1.02
12	12.0	9.5	48	13.3	2.48	3.0	21.1	37.4	4.0	3.25
13	17.1	5.9	40	11.4	2.5	3.5	21.9	34.4	2.4	2.36
14	18.9	3.9	45	6.9	2.54	3.5	21.7	30.8	2.6	1.57
15	20.5	10.8	54	14.3	2.52	3.6	22	35.2	5.5	2.61
16	22	9.5	52	17.5	2.43					

根据表 2 – 14, 压裂井增产效果与有效厚度、孔隙度、含气饱和度、补偿中子、加砂强度成正相关关系, 也就是说随着这些参数的数值增大, 压裂井增产效果变好; 而与补偿密度、施工排量、平均砂比、前置液比例成负相关关系, 即随着这些参数的数值增大, 压裂井增产效果变差。

根据各参数与增产效果的相关关系统计结果, 将各参数分成 4 项评价等级, 见表 2 – 15。

表 2 – 15 各评价参数的分区间评价等级

参数 评价等级	厚度 (m)	孔隙度 (%)	含气饱和度 (%)	补偿中子 (PU)	补偿密度 (g/cm³)	施工排量 (m³/min)	平均砂比 (%)	前置液 比例(%)	加砂强度 (m³/m)
I (a,b)	22~18	11.5~9.59	62~54.5	18.6~15.7	2.41~2.45	3.0~3.12	20.5~21.25	30.8~32.8	6.2~4.95
II (a,b)	18~14	9.59~7.69	54.5~47	15.7~12.8	2.45~2.49	3.12~3.25	21.25~22	32.8~34.9	4.95~3.7
III (a,b)	14~10	7.69~5.79	47~39.5	12.8~9.8	2.49~2.52	3.25~3.37	22~22.75	34.9~36.9	3.7~2.45
IV (a,b)	10~6	5.79~3.89	39.5~32	9.8~6.9	2.52~2.56	3.37~3.50	22.75~23.5	36.9~38.9	2.45~1.2

利用已压裂井储层参数、压裂参数和增产效果数据, 使用灰色关联理论确定参数对增产效果所占的权重, 求取各参数所占的权重矩阵 A, 见表 2 – 16。

表 2 – 16 各评价因素对增产效果所占的权重

影响因素	有效厚度	孔隙度	含气 饱和度	补偿中子	补偿密度	施工排量	前置液 比例	平均砂比	加砂强度
权重	0.1329	0.1284	0.1274	0.1248	0.0906	0.0879	0.0881	0.0850	0.1344

$$A = \begin{bmatrix} 0.1329 & 0.1284 & 0.1274 & 0.1248 & 0.0906 & 0.0879 & 0.0881 & 0.0850 & 0.1344 \end{bmatrix}$$

$$(2-18)$$

应用正交实验方案设计,结合已压裂井的压裂参数范围,选择正交实验表格,设计正交实验参数和方案。

根据已压裂井压裂参数,统计出已压裂井压裂参数范围,在各压裂参数的最小值、最大值之间确定出 3 个 3 水平因子,形成已压裂井压裂参数的施工排量、平均砂比、前置液比例、加砂强度,此方案是一个共有 4 个因素 3 个 3 水平因子的实验方案,建立 $L_9(3^4)$ 正交实验优选表格,如表 2-17 所示,每个空格中的数据根据已压裂井的压裂数据统计均匀分段获得。

表 2-17 待压裂井压裂参数正交实验优选表格

水平实验方案	试验因素			
	施工排量(m³/min)	平均砂比(%)	前置液比例(%)	加砂强度(m³/m)
1	A_1	B_1	C_1	D_1
2	A_1	B_2	C_2	D_2
3	A_1	B_3	C_3	D_3
4	A_2	B_1	C_2	D_3
5	A_2	B_2	C_3	D_1
6	A_2	B_3	C_1	D_2
7	A_3	B_1	C_3	D_2
8	A_3	B_2	C_1	D_3
9	A_3	B_3	C_2	D_1

配合收集到的待压裂井储层有效厚度、孔隙度、含气饱和度、补偿中子、补偿密度参数,结合上述正交实验优选表格,形成待压裂井压裂参数的备选方案。

同时综合待压裂井的储层参数和正交实验方案形成待压裂井的压裂参数备选方案,见表 2-18。

表 2-18 已压裂井储层参数、施工参数统计结果

方案编号	有效厚度(m)	孔隙度(%)	含气饱和度(%)	补偿中子(PU)	补偿密度(g/cm³)	施工排量(m³/min)	平均砂比(%)	前置液比例(%)	加砂强度(m³/m)
1	22.0	9.5	52	17.5	2.43	3.0	20.5	30.8	1.2
2	22.0	9.5	52	17.5	2.43	3.0	22.0	34.85	3.7
3	22.0	9.5	52	17.5	2.43	3.0	23.5	38.9	6.2
4	22.0	9.5	52	17.5	2.43	3.25	20.5	34.85	6.2
5	22.0	9.5	52	17.5	2.43	3.25	22.0	38.9	1.2
6	22.0	9.5	52	17.5	2.43	3.25	23.5	30.8	3.7
7	22.0	9.5	52	17.5	2.43	3.5	20.5	38.9	3.7
8	22.0	9.5	52	17.5	2.43	3.5	22.0	30.8	6.2
9	22.0	9.5	52	17.5	2.43	3.5	23.5	34.85	1.2

根据待压裂井的压裂参数备选方案,应用压裂井建立的各参数隶属函数,评价待压裂井备选方案各参数的单因素评价函数,进一步将各单因素评价函数与权重矩阵进行复合,得到各备选方案的模糊综合评价矩阵,以方案编号 1 中的各基本参数为例,根据式(2-11)至式(2-15),结合表 2-15、表 2-17 的数据,计算方案 1 的单因素评价矩阵为

$$R = \begin{bmatrix} 0.5000 & 0.0000 & 0.0000 & 0.0000 \\ 0.4361 & 0.5666 & 0.0000 & 0.0000 \\ 0.1458 & 0.9258 & 0.0023 & 0.0000 \\ 0.9578 & 0.0029 & 0.0000 & 0.0000 \\ 1.0000 & 0.0062 & 0.0000 & 0.0000 \\ 0.5000 & 0.0034 & 0.0000 & 0.0000 \\ 0.5000 & 0.0003 & 0.0000 & 0.0000 \\ 0.5000 & 0.0002 & 0.0000 & 0.0000 \\ 0.5000 & 0.0002 & 0.0000 & 0.0000 \end{bmatrix} \tag{2-19}$$

上述单因素评价矩阵只反映了每一因素在各个区间的隶属度,不能体现出各参数对增产效果的综合影响结果。以有效厚度为例,反映出方案 1 中有效厚度隶属 I 类评价结果的隶属度为 0.5000,而隶属 II、III、IV 类评价结果的隶属度是 0,根据最大隶属度原则,有效厚度隶属于 I 类评价结果。

将权重和单因素评价矩阵进行复合,得到多因素综合评价矩阵:

$$B = A \circ R = \begin{bmatrix} 0.1329 & 0.1284 & 0.1274 & 0.1248 & 0.0906 & 0.0879 & 0.0881 & 0.0850 & 0.1344 \end{bmatrix} \circ$$

$$\begin{bmatrix} 0.5000 & 0.0000 & 0.0000 & 0.0000 \\ 0.4361 & 0.5666 & 0.0000 & 0.0000 \\ 0.1458 & 0.9258 & 0.0023 & 0.0000 \\ 0.9578 & 0.0029 & 0.0000 & 0.0000 \\ 1.0000 & 0.0062 & 0.0000 & 0.0000 \\ 0.5000 & 0.0034 & 0.0000 & 0.0000 \\ 0.5000 & 0.0003 & 0.0000 & 0.0000 \\ 0.5000 & 0.0002 & 0.0000 & 0.0000 \\ 0.5000 & 0.0002 & 0.0000 & 0.0000 \end{bmatrix}$$

$$= \begin{bmatrix} 0.4833 & 0.2009 & 0.0036 & 0.0660 \end{bmatrix} \tag{2-20}$$

根据最大隶属度原则,施工方案 1 的综合评价结果属于 I 类评价结果,按照式(2-17)将模糊评价矩阵转化为评价分数 83 分。

重复上述步骤,完成待压裂井备选方案中方案 2~9 的综合评价结果,并计算评价分数,见表 2-19。

表 2-19 不同方案的综合评价结果

方案	模糊综合评价				评价分数
	I	II	III	IV	
1	0.4835	0.2009	0.0036	0.0660	83
2	0.3966	0.3541	0.1568	0.0006	82

续表

方案	模糊综合评价				评价分数
	I	II	III	IV	
3	0.4620	0.2009	0.0036	0.0869	84
4	0.4635	0.3195	0.0635	0.0002	84
5	0.3530	0.3207	0.0656	0.1086	84
6	0.3960	0.3423	0.0868	0.0448	77
7	0.3964	0.2664	0.0788	0.1284	79
8	0.4610	0.2453	0.0572	0.0860	84
9	0.3521	0.2433	0.0560	0.1965	79

根据表 2-19 中 9 种方案的综合评价结果,方案 3、4、5、8 的模糊综合评价分数都是 84 分,表明这 4 种方案施工后都会得到相同的最好结果。进一步综合考虑压裂风险和作业成本确定最终的优选方案,由于方案 5 中使用的加砂强度最低,仅为 1.2 m^3/m,有利于降低成本和提高施工安全,最终优选方案 5 作为施工方案,既保证了可获得较好的产量,又可以降低作业风险和施工成本。

参 考 文 献

[1] Vincent M C. Restimulation of unconventional reservoirs：when are refracs beneficial? [J]. Journal of Canadian Petroleum Technology,2011,50,36-52.

[2] Fanhui Zeng,Jianchun Guo,Chuan Long. A Hybrid Model of Fuzzy Logic and Grey Relation Analysis to Evaluate Tight Gas Formation Quality Comprehensively[J]. The Journal of Grey System,2015,27(3):87-98.

[3] Fanhui Zeng,Xiaozhao Cheng,Jianchun Guo,et al. Hybridizing Human Judgement,AHP,Grey Theory,and Fuzzy Expert Systems for Candidate Well Selection in Fractured Reservoirs [J]. Energies,2017,10(4):1-22.

[4] 曾凡辉,程小昭,郭建春,等.压裂参数优选方法:201611202818.7[P].2016-12-13.

[5] Mohaghegh S,Balanb B,Platon V,et al. Hydraulic fracture design and optimization of gas storage wells [J]. Journal of Petroleum Science & Engineering,1999,23:161-171.

[6] Queipo N V,Verde A J,Canelón J,et al. Efficient global optimization for hydraulic fracturing treatment design[J]. Journal of Petroleum Science & Engineering,2002,35:151-166.

[7] Ely J W. GRI′s restimulation program enhances recoverable reserves：Gas Research Institute [J]. World Oil,2000.

[8] Xiong H,Holditch S. Using a fuzzy expert system to choose target well and formations for stimulation[C]. Artificial intelligence in the petroleum industry：symbolic and computational applications,Editions Technip,Paris,1995:361-379.

[9] Yang E. Selection of Target Wells and Layers for Fracturing with Fuzzy Mathematics Method[C]. International Conference on Fuzzy Systems and Knowledge Discovery. IEEE,2009:366-369.

[10] Yin D,Wu T. Optimizing well for fracturing by fuzzy analysis method of applying computer[C]. Information Science and Engineering(ICISE),2009 1st International Conference on IEEE.

[11] Zoveidavianpoor M,Samsuri A,Shadizadeh S R. Fuzzy logic in candidate-well selection for hydraulic fracturing in oil and gas wells：a critical review[J]. International Journal of Physical Sciences,2012,7(26):4049-4060.

[12] 杨位民,田芳,龚声蓉.基于支持向量机的压裂井层优选[J].计算机工程,2006,32(7):253－255.

[13] 刘长印,孔令飞,张国英,等.人工智能系统在压裂选井选层方面的应用[J].钻采工艺,2003,26(1):43－44＋3.

[14] 肖芳淳,敬加强.灰色物元决策理论及其应用[J].西部探矿工程,2000,27(5):64－66.

[15] 曾凡辉,刘林,王文耀,等.乌里雅斯太凹陷压裂选井选层研究[J].西南石油大学学报(自然科学版),2009,31(5):105－108.

[16] 谢润成,周文,高雅琴,等.应用偏相关＋灰关联方法进行致密砂岩气藏压裂地质选层[J].石油与天然气地质,2008,29(6):797－800.

[17] Cacas M,Daniel J,Letouzey J. Nested geological modelling of naturally fractured reservoirs[J]. Petroleum Geoscience,2001,7:S43－S52.

[18] Xue G,Datta-Gupta A,Valko P,et al. Optimal transformations for multiple regression:application to permeability estimation from well logs[J]. SPE Formation Evaluation,1997,12:85－94.

[19] 冯文彦,曾凡辉,郭建春,等.压裂井储层质量综合评价研究[J].西南石油大学学报(自然科学版),2016,38(2):109－114.

第三章

致密气藏压裂井诱导应力形成复杂缝网计算

致密气藏渗透率极低,自然投产的开发方式表现出单井产量低、产量递减快、稳产期短和采出程度低的特点,采用定向井压裂或者水平井分段多簇压裂是实现此类型储层高效开发的关键[1]。在水力压裂过程中形成的裂缝会在其周围产生诱导应力[2],促使致密气藏中天然裂缝不断扩张和脆性岩石剪切滑移,形成复杂的裂缝网络系统并显著改善致密气藏整体渗透性能,提高初期产量和最终采收率[3-5]。本章首先以均质、各向同性二维平面水力裂缝模型为基础,建立水力裂缝诱导应力场数学模型;在此基础上,通过对弹性力学中的应力应变进行分解,将原坐标进行旋转,推导了水力压裂倾斜裂缝的诱导应力表达式[6];进一步分析了裂缝净压力、裂缝高度、裂缝长度、裂缝间距和起裂次序对诱导应力差的影响规律,并且分析了形成复杂裂缝的条件,可以为致密气藏水力压裂优化设计提供指导[7-8]。

第一节　压裂井水力裂缝诱导应力模型

裂缝总是产生于强度最弱、抗力最小的地方,地层中的水力裂缝形态也是如此。根据储层三向地应力的相对大小,水力压裂后的裂缝形态可以分为垂直裂缝、水平裂缝两类。这里以水力压裂后形成的垂直裂缝为研究对象,重点研究了压裂井中水力裂缝产生的诱导应力及其对储层应力的影响,并建立了相应的计算和求解模型。

一、基本假设

在现场压裂过程中,在压裂液以及复杂地应力作用下,水力裂缝周围的岩石会发生塑性变形;此外,地层岩石还具有各向异性,这就更加增加了建立数学模型的复杂性。为了建立压裂井诱导应力数学模型,做以下基本假设:

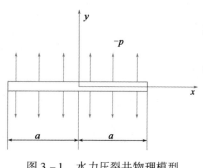

图 3-1　水力压裂井物理模型

（1）水力压裂形成垂直裂缝,裂缝与最小水平主应力之间的夹角为 α,$0° \leqslant \alpha \leqslant 90°$;

（2）裂缝断面为均质、各向同性的弹性体,裂缝截面为椭圆形裂缝;

（3）压应力为正,拉应力为负;

（4）不考虑压裂液与储层岩石之间的化学作用。

二、垂直裂缝诱导应力模型

采用如图 3-1 所示的物理模型:地层中有一垂直水力

裂缝(可以当作短半轴趋于零的椭圆的极限情形),长为 $2a$;水力裂缝完全穿透储层;作用于裂缝面上的张力为 $-p$。该物理模型的边界条件为

在 $y=0,|x|\leqslant a$ 处: $\qquad\qquad \sigma_y=p,\tau_{xy}=0$ $\qquad\qquad\qquad$ (3-1)

在 $y=0,|x|>a$ 处: $\qquad\qquad \tau_{xy}=0,v=0$ $\qquad\qquad\qquad$ (3-2)

在 $\sqrt{x^2+y^2}\to\infty$ 处: $\qquad\quad \sigma_x\to0,\sigma_y\to0,\tau_{xy}\to0$ $\qquad\qquad$ (3-3)

显然,上述物理模型中的平板问题属于平面应变问题,根据弹性力学理论,则应力应变方程[2]为

$$\begin{cases} \varepsilon_x = \dfrac{1}{E}\left[(1-\nu^2)\sigma_x-(1+\nu)\sigma_y\right] \\[2mm] \varepsilon_y = \dfrac{1}{E}\left[(1-\nu^2)\sigma_y-\nu(1+\nu)\sigma_x\right] \\[2mm] \gamma_{xy} = \dfrac{2(1+\nu)}{E}\sigma_{xy} \end{cases} \qquad (3-4)$$

式中 ν——泊松比。

平衡方程取如下形式(不计体力):

$$\begin{cases} \dfrac{\partial\sigma_x}{\partial x}+\dfrac{\partial\tau_{xy}}{\partial y}=0 \\[2mm] \dfrac{\partial\sigma_y}{\partial y}+\dfrac{\partial\tau_{xy}}{\partial x}=0 \end{cases} \qquad (3-5)$$

设 φ 为平面问题的应力函数,则

$$\sigma_x=\frac{\partial^2\varphi}{\partial y^2};\ \sigma_y=\frac{\partial^2\varphi}{\partial x^2};\ \tau_{xy}=-\frac{\partial^2\varphi}{\partial x\partial y} \qquad (3-6)$$

由弹性力学理论可得描述平面问题规律的二维双调和方程:

$$\nabla^2\nabla^2\varphi=0 \qquad (3-7)$$

引入傅里叶积分变换:

$$\bar{f}(\alpha)=\int_{-\infty}^{+\infty}f(x)\mathrm{e}^{\mathrm{i}\alpha x}\mathrm{d}x;\ f(x)=\frac{1}{2\pi}\int_{-\infty}^{\infty}\bar{f}(\alpha)\mathrm{e}^{-\mathrm{i}\alpha x}\mathrm{d}\alpha \qquad (3-8)$$

傅里叶导数变换:

$$\overline{f^{(n)}}(\alpha)=(-\mathrm{i}\alpha)^n\bar{f}(\alpha) \qquad (3-9)$$

如果 $f(x)=f(-x)$,式(3-8)可写为

$$\bar{f}(\alpha)=\int_0^{\infty}f(\eta)\cos(\alpha\eta)\mathrm{d}\eta;\ f(x)=\frac{2}{\pi}\int_0^{\infty}20\bar{f}(\alpha)\cos(\alpha x)\mathrm{d}\alpha \qquad (3-10)$$

平面问题可以归结为在一定的边界条件下解双调和方程(3-7)。

由式(3-9)可得

$$\int_{-\infty}^{\infty}\nabla^2\varphi\mathrm{e}^{\mathrm{i}\lambda x}\mathrm{d}x=\left(\frac{\mathrm{d}^2}{\mathrm{d}y^2}-\lambda^2\right)\int_{-\infty}^{\infty}\varphi\mathrm{e}^{\mathrm{i}\lambda x}\mathrm{d}x=\left(\frac{\mathrm{d}^2}{\mathrm{d}y^2}-\lambda^2\right)\bar{\varphi}$$

$$\int_{-\infty}^{\infty}\nabla^2\nabla^2\varphi\mathrm{e}^{\mathrm{i}\lambda x}\mathrm{d}x=\left(\frac{\mathrm{d}^2}{\mathrm{d}y^2}-\lambda^2\right)^2\bar{\varphi}=0 \qquad (3-11)$$

其中
$$\overline{\varphi}(x,y) = \int_{-\infty}^{\infty} \varphi(x,y) \mathrm{e}^{\mathrm{i}\lambda x} \mathrm{d}x \tag{3-12}$$

式(3-12)是 Airy 应力函数 φ 的傅里叶积分变换式。

常微分方程(3-11)的通解为
$$\overline{\varphi}(\lambda,y) = [A(\lambda) + B(\lambda)y]\mathrm{e}^{-|\lambda|y}[C(\lambda) + D(\lambda)y]\mathrm{e}^{|\lambda|y} \tag{3-13}$$

随后推导应力分量和位移分量的傅里叶积分变换式。按定义:
$$\overline{\sigma}_x(\lambda,y) = \int_{-\infty}^{\infty} \sigma_x(x,y)\mathrm{e}^{\mathrm{i}\lambda x}\mathrm{d}x = \int_{-\infty}^{\infty} \frac{\partial^2 \varphi}{\partial y}\mathrm{e}^{\mathrm{i}\lambda x}\mathrm{d}x = \overline{\varphi}''_y(\lambda,y) \tag{3-14}$$

$$\overline{\sigma}_y(\lambda,y) = \int_{-\infty}^{\infty} \sigma_y(x,y)\mathrm{e}^{\mathrm{i}\lambda x}\mathrm{d}x = \int_{-\infty}^{\infty} \frac{\partial^2 \varphi}{\partial y}\mathrm{e}^{\mathrm{i}\lambda x}\mathrm{d}x = -\lambda^2 \overline{\varphi}(\lambda,y) \tag{3-15}$$

$$\tau_{xy}(\lambda,y) = \int_{-\infty}^{\infty} \tau_{xy}(x,y)\mathrm{e}^{\mathrm{i}\lambda x}\mathrm{d}x = \int_{-\infty}^{\infty} \frac{\partial^2 \varphi}{\partial x \partial y}\mathrm{e}^{\mathrm{i}\lambda x}\mathrm{d}x = \mathrm{i}\lambda \overline{\varphi}'_y(\lambda,y) \tag{3-16}$$

因为 $\varepsilon_x = \frac{\partial u}{\partial x}, \varepsilon_y = \frac{\partial \nu}{\partial y}$,利用式 (3-4)的第一式得到
$$\frac{E}{1+\nu} \cdot \frac{\partial u}{\partial u}(1-\nu)\sigma_x - \nu\sigma_y$$

式中 $u、\nu$——x 和 y 方向的位移,m。

对上式作傅里叶变换并利用式(3-14)和式(3-15),得
$$\int_{-\infty}^{\infty} \frac{\partial u}{\partial x}\mathrm{e}^{\mathrm{i}\lambda x}\mathrm{d}x = \frac{1+\nu}{E}[(1-\nu)\overline{\varphi}''_y + \nu\lambda^2\overline{\varphi}]$$

又由式(3-9)得
$$\int_{-\infty}^{\infty} \frac{\partial u}{\partial x}\mathrm{e}^{\mathrm{i}\lambda x}\mathrm{d}x = -\mathrm{i}\lambda\overline{u}(\lambda,y)$$

这里,$\overline{u}(\lambda,y) = \int_{-\infty}^{\infty} u(x,y)\mathrm{e}^{\mathrm{i}\lambda x}\mathrm{d}x$ 是位移分量 $u(x,y)$ 的傅里叶变换。由上面两式联立解得
$$\overline{u}(\lambda,y) = \frac{\mathrm{i}}{\lambda}\int_{-\infty}^{\infty} \frac{\partial u}{\partial x}\mathrm{e}^{\mathrm{i}\lambda x}\mathrm{d}x = \frac{\mathrm{i}(1+\nu)}{\lambda E}[(1-\nu)\overline{\varphi}''_y + \nu\lambda^2\overline{\varphi}] \tag{3-17}$$

利用式(3-4)的第二式(ε_y),有
$$\frac{\partial \nu}{\partial x} = \frac{2(1+\nu)}{E}\tau_{xy} - \frac{\partial u}{\partial y}$$

用傅里叶变换得
$$\int_{-\infty}^{\infty} \frac{\partial \nu}{\partial x}\mathrm{e}^{\mathrm{i}\lambda x}\mathrm{d}x = \frac{2(1+\nu)}{E}\int_{-\infty}^{\infty} \tau_{xy}\mathrm{e}^{\mathrm{i}\lambda x}\mathrm{d}x - \int_{-\infty}^{\infty} \frac{\partial u}{\partial y}\mathrm{e}^{\mathrm{i}\lambda x}\mathrm{d}x$$

$$= \frac{2(1+\nu)}{E}\mathrm{i}\lambda\overline{\varphi}'_y - \frac{\mathrm{d}}{\mathrm{d}y}\int_{-\infty}^{\infty} u\mathrm{e}^{\mathrm{i}\lambda x}\mathrm{d}x$$

$$= \frac{2(1+\nu)}{E}\mathrm{i}\lambda\overline{\varphi}'_y - \frac{\mathrm{i}(1+\nu)}{\lambda E}\left[(1-\nu)\overline{\varphi}'''_y + \nu\lambda^2\overline{\varphi}'_y\right]$$

$$= \frac{\mathrm{i}(1+\nu)}{\lambda E}\left[(1-\nu)\overline{\varphi}'''_y - (2-\nu)\lambda^2\overline{\varphi}'_y\right]$$

再利用式(3-9),得

$$\overline{\nu}(\lambda,y) = \int_{-\infty}^{\infty}\nu(x,y)\mathrm{e}^{\mathrm{i}\lambda x}\mathrm{d}x = \frac{1+\nu}{\lambda^2 E}\left[(1-\nu)\overline{\varphi}'''_y - (2-\nu)\lambda^2\overline{\varphi}'_y\right] \qquad (3-18)$$

式(3-14)至式(3-18)即为各应力分量和位移分量的傅里叶变换式。由傅里叶变换的反演公式,可得

$$\varphi(x,y) = \frac{1}{2\pi}\int_{-\infty}^{\infty}\overline{\varphi}(\lambda,y)\mathrm{e}^{-\mathrm{i}\lambda x}\mathrm{d}\lambda \qquad (3-19)$$

$$\sigma_x(x,y) = \frac{1}{2\pi}\int_{-\infty}^{\infty}\overline{\varphi}''(\lambda,y)\mathrm{e}^{-\mathrm{i}\lambda x}\mathrm{d}\lambda \qquad (3-20)$$

$$\sigma_y(x,y) = \frac{1}{2\pi}\int_{-\infty}^{\infty}\lambda^2\overline{\varphi}(\lambda,y)\mathrm{e}^{-\mathrm{i}\lambda x}\mathrm{d}\lambda \qquad (3-21)$$

$$\tau_{xy}(x,y) = \frac{1}{2\pi}\int_{-\infty}^{\infty}\mathrm{i}\lambda\overline{\varphi}'(\lambda,y)\mathrm{e}^{-\mathrm{i}\lambda x}\mathrm{d}\lambda \qquad (3-22)$$

$$u(x,y) = \frac{\mathrm{i}(1-\nu)}{2\pi E}\int_{-\infty}^{\infty}\left[(1-\nu)\overline{\varphi}''_y(\lambda,y) + \nu\lambda^2\overline{\varphi}(\lambda,y)\right]\mathrm{e}^{-\mathrm{i}\lambda x}\mathrm{d}\lambda \qquad (3-23)$$

$$\nu(x,y) = \frac{1+\nu}{2\pi E}\int_{-\infty}^{\infty}\left[(1-\nu)\overline{\varphi}'''_y(\lambda,y) - (2-\nu)\lambda^2\overline{\varphi}'_y(\lambda,y)\right]\frac{\mathrm{d}\lambda}{\lambda^2} \qquad (3-24)$$

推导上述公式时,都假设了当$|x|\to\infty$时,各应力分量和位移分量趋于零,应力函数$\varphi(x,y)$及其各阶导数也具有这样的性质。

由式(3-20)至式(3-24)可知,如果求得应力函数$\varphi(x,y)$的傅里叶变换$\overline{\varphi}(\lambda,y)$,则应力场和位移场就完全确定了。$\overline{\varphi}(\lambda,y)$的一般形式已由式(3-13)给出,其余$A$、$B$、$C$、$D$四个量必须由具体问题的边界条件来确定。由式(3-13)和式(3-3)可得

$$\overline{\varphi}(\lambda,y) = \left[A(\lambda) + B(\lambda)y\right]\mathrm{e}^{-|\lambda|y} \qquad (3-25)$$

则式(3-20)至式(3-24)可写成

$$\sigma_x(x,y) = \frac{1}{2\pi}\int_{-\infty}^{\infty}\left[A(\lambda)\lambda^2 + B(\lambda)|\lambda|(-2+|\lambda|y)\right]\mathrm{e}^{-\mathrm{i}\lambda x-|\lambda|y}\mathrm{d}\lambda \qquad (3-26)$$

$$\sigma_x(x,y) = \frac{1}{2\pi}\int_{-\infty}^{\infty}\lambda^2\left[A(\lambda) + B(\lambda)y\right]\mathrm{e}^{-\mathrm{i}\lambda x-|\lambda|y}\mathrm{d}\lambda \qquad (3-27)$$

$$\tau_{xy}(x,y) = \frac{\mathrm{i}}{2\pi}\int_{-\infty}^{\infty}\lambda\left[-A(\lambda) + B(\lambda)(1-|\lambda|y)\right]\mathrm{e}^{-\mathrm{i}\lambda x-|\lambda|y}\mathrm{d}\lambda \qquad (3-28)$$

$$u(x,y) = \frac{\mathrm{i}(1+\nu)}{2\pi E}\int_{-\infty}^{\infty}\left\{A(\lambda)\lambda + B(\lambda)\frac{|\lambda|}{\lambda}\left[-2(1-\nu)+|\lambda|y\right]\right\}\mathrm{e}^{-\mathrm{i}\lambda x-|\lambda|y}\mathrm{d}\lambda$$

$$(3-29)$$

$A(\lambda)$ 和 $B(\lambda)$ 将由 $y=0$ 处的边界条件确定。令式(3-26)至式(3-29)中的 $y=0$,然后代入边界条件式(3-1)和式(3-2)得

$$\int_{-\infty}^{\infty} \lambda^2 A(\lambda) e^{-i\lambda x} d\lambda = -2\pi p, \ |x| \leq a \tag{3-30}$$

$$\int_{-\infty}^{\infty} [\ |\lambda|A(\lambda) + (1-2\nu)B(\lambda)\ ] e^{-i\lambda x} d\lambda = 0, \ |x| > a \tag{3-31}$$

$$\int_{-\infty}^{\infty} \lambda [\ -|\lambda|A(\lambda) + B(\lambda)\ ] e^{-i\lambda x} d\lambda = 0, \ |x| \leq a \tag{3-32}$$

$$\int_{-\infty}^{\infty} \lambda [\ -|\lambda|A(\lambda) + B(\lambda)\ ] e^{-i\lambda x} d\lambda = 0, \ |x| > a \tag{3-33}$$

由式(3-32)和式(3-33)可以推得

$$-|\lambda|A(\lambda) + B(\lambda) = 0$$

则

$$B(\lambda) = |\lambda|A(\lambda)$$

代入式(3-30)和式(3-31)得

$$\begin{cases} \dfrac{1}{2\pi} \displaystyle\int_{-\infty}^{\infty} \lambda^2 A(\lambda) e^{-i\lambda x} d\lambda = p, \ |x| \leq a \\ \displaystyle\int_{-\infty}^{\infty} |\lambda|A(\lambda) e^{-i\lambda x} d\lambda = 0, \ |x| > a \end{cases} \tag{3-34}$$

现在只要知道 $A(\lambda)$,就可以求得问题的解。对于所研究的问题,假定 $A(\lambda)$ 为偶函数,那么 $\lambda^2 A(\lambda)$ 和 $|\lambda|A(\lambda)$ 也是偶函数,利用式(3-13),可以把式(3-34)改写成

$$\begin{cases} \dfrac{2}{\pi} \displaystyle\int_{0}^{\infty} \lambda^2 A(\lambda) \cos(\lambda x) d\lambda = p, 0 \leq x \leq a \\ \displaystyle\int_{0}^{\infty} \lambda A(\lambda) \cos(\lambda x) d\lambda = 0, x > a \end{cases} \tag{3-35}$$

$$\cos\lambda x = \left(\frac{\pi\lambda x}{2}\right)^{\frac{1}{2}} J_{-\frac{1}{2}}(\lambda x)$$

引入 $\lambda^{\frac{3}{2}} A(\lambda) = f(\lambda) = f(\eta)$,$\eta = a\lambda$,$\rho = \dfrac{x}{a}$

$$g(\rho) = a\left(\frac{\pi a}{2\rho}\right)^{\frac{1}{2}} p \tag{3-36}$$

则对偶积分方程(3-35)化为如下标准形式:

$$\begin{cases} \displaystyle\int_{0}^{\infty} \eta f(\eta) J_{-\frac{1}{2}}(\eta\rho) d\eta = g(\rho), 0 \leq \rho \leq 1 \\ \displaystyle\int_{0}^{\infty} f(\eta) J_{-\frac{1}{2}}(\eta\rho) d\eta = 0, \rho > 1 \end{cases} \tag{3-37}$$

式(3-36)是 Titchmarsh - Busbridge 所研究过的对偶积分方程的一种特殊情形,它的解由 Sneddon 和 Elliott 给出,为

$$f(\eta) = \frac{1}{2}a^{\frac{3}{2}}\pi p\eta^{-\frac{1}{2}}\mathrm{J}_1(\eta) \tag{3-38}$$

式中，$\mathrm{J}_{-\frac{1}{2}}(\eta\rho)$、$\mathrm{J}_1(\eta)$ 为贝塞尔函数。

由式(3-36)和式(3-38)可知：

$$A(\lambda) = \frac{-\pi ap}{2}\lambda^{-2}\mathrm{J}_1(a\lambda)$$

$$B(\lambda) = \frac{-\pi ap}{2}\lambda^{-1}\mathrm{J}_1(a\lambda)$$

这里采用傅里叶余弦变换式(3-13)，对式(3-25)至式(3-29)进行傅里叶变换，并将 $A(\lambda)$ 和 $B(\lambda)$ 代入可得

$$\sigma_x(x,y) = -ap\int_0^\infty (1-\lambda y)\mathrm{J}_1(a\lambda)\mathrm{e}^{-\lambda y}\cos(\lambda x)\mathrm{d}\lambda \tag{3-39}$$

$$\sigma_y(x,y) = -ap\int_0^\infty (1+\lambda y)\mathrm{J}_1(a\lambda)\mathrm{e}^{-\lambda y}\cos(\lambda x)\mathrm{d}\lambda \tag{3-40}$$

$$\tau_{xy}(x,y) = -apy\int_0^\infty \lambda\mathrm{J}_1(a\lambda)\mathrm{e}^{-\lambda y}\sin(\lambda x)\mathrm{d}\lambda \tag{3-41}$$

$$u(x,y) = -\frac{1+\nu}{E}ap\int_0^\infty \lambda^{-1}(1-2\nu-\lambda y)\mathrm{J}_1(a\lambda)\mathrm{e}^{-\lambda y}\sin(\lambda x)\mathrm{d}\lambda \tag{3-42}$$

$$\nu(x,y) = \frac{1+\nu}{E}ap\int_0^\infty \lambda^{-1}(2-2\nu-\lambda y)\mathrm{J}_1(a\lambda)\mathrm{e}^{-\lambda y}\cos(\lambda x)\mathrm{d}\lambda \tag{3-43}$$

于是，弹性体中任一点的应力和位移均可以进行计算。下面重点从断裂力学的实际需要考虑，继续化简式(3-39)至式(3-41)。由式(3-39)和式(3-40)，有

$$\frac{1}{2}(\sigma_x+\sigma_y) = -pa\int_0^\infty \mathrm{e}^{-\lambda y}\cos(\lambda x)\mathrm{J}_1(a\lambda)\mathrm{d}\lambda \tag{3-44}$$

$$\frac{1}{2}(\sigma_y+\sigma_x) = -pay\int_0^\infty \lambda\mathrm{e}^{-\lambda y}\cos(\lambda x)\mathrm{J}_1(a\lambda)\mathrm{d}\lambda \tag{3-45}$$

引进复变数，如图3-2所示，则

$$z = x+\mathrm{i}y = r\mathrm{e}^{\mathrm{i}\theta}, z-a = r_1\mathrm{e}^{\mathrm{i}\theta_1}, z+a = r_2\mathrm{e}^{\mathrm{i}\theta_2} \tag{3-46}$$

由式(3-41)和式(3-45)，有

$$\frac{1}{2}(\sigma_y-\sigma_x)+\mathrm{i}\,\tau_{xy} = -pay\int_0^\infty \lambda\mathrm{e}^{\mathrm{i}\lambda z}\mathrm{J}_1(a\lambda)\mathrm{d}\lambda \tag{3-47}$$

$$\frac{1}{2}(\sigma_x-\sigma_y) = -paR_e\int_0^\infty \mathrm{e}^{\mathrm{i}\lambda z}\mathrm{J}_1(a\lambda)\mathrm{d}\lambda \tag{3-48}$$

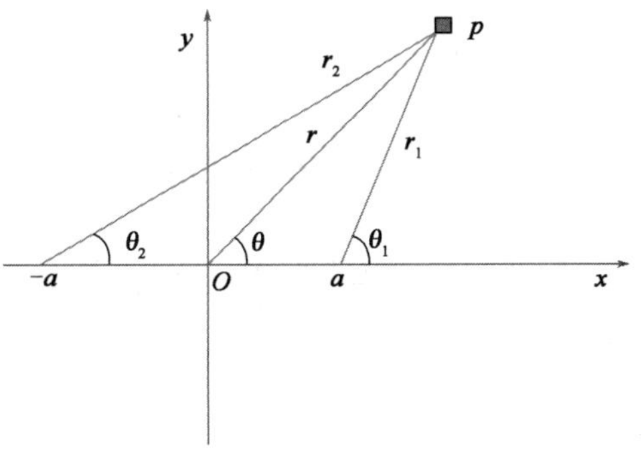

图3-2　复变数示意图

引进贝塞尔函数的积分公式:

$$\int_0^\infty e^{-\gamma t} J_1(\alpha t)\,dt = \frac{1}{\alpha}\left[1 - \gamma(\alpha^2 + \gamma^2)^{-\frac{1}{2}}\right]$$

$$\int_0^\infty t e^{-\gamma t} J_1(\alpha t)\,dt = \alpha(\alpha^2 + \gamma^2)^{-\frac{3}{2}}$$

则有

$$\int_0^\infty \lambda e^{i\lambda z} J_1(a\lambda)\,d\lambda = a\left[a^2 + (iz)^2\right]^{-\frac{3}{2}} = -ia(r_1 r_2)^{-\frac{3}{2}} e^{-3i(\theta_1+\theta_2)/2}$$

$$\int_0^\infty e^{i\lambda z} J_1(a\lambda)\,d\lambda = \frac{1}{a} - \frac{iz}{a}\left[a^2 + (iz)^2\right]^{-\frac{1}{2}} = \frac{1}{a}\left[1 - r e^{i\theta}(r_1 r_2)^{-\frac{1}{2}} e^{-i(\theta_1+\theta_2)/2}\right]$$

所以

$$\frac{1}{2}(\sigma_y - \sigma_x) + i\tau_{xy} = p\frac{r}{a}\left(\frac{a^2}{r_1 r_2}\right)^{\frac{3}{2}} i\sin\theta \cdot e^{-3i(\theta_1+\theta_2)/2} \qquad (3-49)$$

$$\frac{1}{2}(\sigma_x - \sigma_y) = -paR_e\frac{1}{a}\left[1 - r e^{i\theta}(r_1 r_2)^{-\frac{1}{2}} \cdot e^{-i(\theta_1+\theta_2)/2}\right] \qquad (3-50)$$

由式(3-49)和式(3-50),将实部和虚部分离,就可得到应力分量的具体表达式:

$$\sigma_x = -p\frac{r}{a}\left(\frac{a^2}{r_1 r_2}\right)^{\frac{3}{2}}\sin\theta\sin\frac{3}{2}(\theta_1+\theta_2) - p\left[\frac{r}{(r_1 r_2)^{\frac{1}{2}}}\cos\left(\theta - \frac{1}{2}\theta_1 - \frac{1}{2}\theta_2\right) - 1\right]$$

$$\sigma_y = -p\frac{r}{a}\left(\frac{a^2}{r_1 r_2}\right)^{\frac{3}{2}}\sin\theta\sin\frac{3}{2}(\theta_1+\theta_2) - p\left[\frac{r}{(r_1 r_2)^{\frac{1}{2}}}\cos\left(\theta - \frac{1}{2}\theta_1 - \frac{1}{2}\theta_2\right) - 1\right]$$

$$\tau_{xy} = -p\frac{r}{a}\left(\frac{a^2}{r_1 r_2}\right)^{\frac{3}{2}}\sin\theta\cos\frac{3}{2}(\theta_1+\theta_2)$$

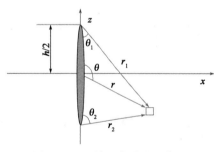

图 3-3 二维垂直裂缝示意图

把图 3-2 所示裂纹的长度方向看作高度方向,即把 x—y 平面换作 x—z 平面,则可得图 3-3 所示二维垂直裂缝产生的诱导应力场为

$$\sigma_{x诱导} = -p\frac{r}{c}\left(\frac{c^2}{r_1 r_2}\right)^{\frac{3}{2}}\sin\theta\sin\frac{3}{2}(\theta_1+\theta_2)$$

$$-p\left[\frac{r}{(r_1 r_2)^{\frac{1}{2}}}\cos\left(\theta - \frac{1}{2}\theta_1 - \frac{1}{2}\theta_2\right) - 1\right] \qquad (3-51)$$

$$\sigma_{z诱导} = +p\frac{r}{c}\left(\frac{c^2}{r_1 r_2}\right)^{\frac{3}{2}}\sin\theta\sin\frac{3}{2}(\theta_1+\theta_2) - p\left[\frac{r}{(r_1 r_2)^{\frac{1}{2}}}\cos\left(\theta - \frac{1}{2}\theta_1 - \frac{1}{2}\theta_2\right) - 1\right]$$

$$\qquad (3-52)$$

$$\sigma_{xz诱导} = -p\frac{r}{c}\left(\frac{c^2}{r_1 r_2}\right)^{\frac{3}{2}}\sin\theta\cos\frac{3}{2}(\theta_1+\theta_2) \qquad (3-53)$$

由胡克定律得
$$\sigma_{y诱导} = \nu(\sigma_x + \sigma_z) \tag{3-54}$$

其中
$$c = H/2$$

式中　p——裂缝面上的压力，MPa；

　　　H——裂缝高度，m。

各几何参数间存在以下关系：

$$\begin{cases} r = \sqrt{x^2 + y^2} \\ r_1 = \sqrt{x^2 + (y+c)^2} \\ r_2 = \sqrt{x^2 + (y-c)^2} \end{cases} \tag{3-55a}$$

$$\begin{cases} \theta = \arctan(x/y) \\ \theta_1 = \arctan[x/(-y-c)] \\ \theta_2 = \arctan[x/(c-y)] \end{cases} \tag{3-55b}$$

如果 θ、θ_1 和 θ_2 为负值，那么应分别用 $\theta + 180°$、$\theta_1 + 180°$ 和 $\theta_2 + 180°$ 来代替。利用式(3-51)至式(3-55)可以计算裂缝诱导应力。

三、倾斜裂缝诱导应力模型

水力压裂过程中，当水力裂缝在储层中穿越倾斜天然裂缝或者斜井压裂过程中射孔方位不处于最大水平主应力方位时，此时水力裂缝不再与最小水平井主应力垂直。此时需要对倾斜裂缝产生的诱导应力进行分析[6]。这里根据垂直裂缝的诱导应力模型，建立如图 3-4 所示的物理模型，其中 n 为最小主应力方向，α 为裂缝与最小主应力方向的夹角。根据 x、y 方向的位移在 m、n 方向的投影，得出在 m、n 方向的线位移。利用应力应变公式，结合二维垂直裂缝的应力模型，推导出水力倾斜裂缝的应力模型。

考虑水力裂缝在 x—y、m—n 坐标体系下的位移转换关系，可得

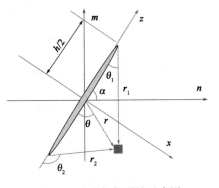

图 3-4　水力倾斜裂缝示意图

$$\begin{cases} u_m = u_z\sin\alpha - u_x\cos\alpha \\ u_n = u_x\sin\alpha + u_z\cos\alpha \end{cases} \tag{3-56}$$

式中　u_m——m 方向位移，m；

　　　u_n——n 方向位移，m；

　　　u_z——z 方向位移，m；

　　　u_x——x 方向位移，m。

坐标值关系：

$$\begin{cases} x = n\sin\alpha - m\cos\alpha \\ z = n\cos\alpha + m\sin\alpha \end{cases} \tag{3-57}$$

图 3 - 4 所示的物理模型问题属于平面应变问题,根据弹性力学理论,应力应变方程为
x—z 坐标:

$$\begin{cases} u_x = \dfrac{1}{E}\big[\,(1-\nu^2)\sigma_x - \nu(1+\nu)\sigma_z\,\big] \\[2mm] u_z = \dfrac{1}{E}\big[\,(1-\nu^2)\sigma_z - \nu(1+\nu)\sigma_x\,\big] \end{cases} \tag{3-58}$$

m—n 坐标:

$$\begin{cases} u_m = \dfrac{1}{E}\big[\,(1-\nu^2)\sigma_m - \nu(1+\nu)\sigma_n\,\big] \\[2mm] u_n = \dfrac{1}{E}\big[\,(1-\nu^2)\sigma_n - \nu(1+\nu)\sigma_m\,\big] \end{cases} \tag{3-59}$$

将式(3 - 57)代入式(3 - 56),可得

$$\begin{cases} u_m = \dfrac{1}{E}\big[\,(\sin\alpha - \nu^2\sin\alpha - \nu\cos\alpha - \nu^2\cos\alpha)\sigma_z + (-\nu\sin\alpha - \nu^2\sin\alpha - \cos\alpha + \nu^2\cos\alpha)\sigma_x\,\big] \\[2mm] u_n = \dfrac{1}{E}\big[\,(\cos\alpha - \nu^2\cos\alpha - \nu\sin\alpha - \nu^2\sin\alpha)\sigma_z + (\sin\alpha - \nu^2\sin\alpha - \nu\cos\alpha - \nu^2\cos\alpha)\sigma_x\,\big] \end{cases}$$

$$\tag{3-60}$$

由式(3 - 59)变形可得

$$\begin{cases} u_m = \dfrac{1}{E}\big[\,(1-\nu^2)\sigma_m - \nu(1+\nu)\sigma_n\,\big] \\[2mm] u_n = \dfrac{1}{E}\big[\,(1-\nu^2)\sigma_n - \nu(1+\nu)\sigma_m\,\big] \end{cases} \tag{3-61}$$

将式(3 - 60)代入式(3 - 61)可得

$$\begin{cases} \sigma_m = \sigma_z\Big[\sin\alpha + 2\dfrac{\nu(\nu-1)}{1-2\nu}\cos\alpha\Big] - \sigma_x\Big[\nu + \dfrac{(\nu+1)^2}{(1+\nu)(1-2\nu)}\Big]\cos\alpha \\[3mm] \sigma_n = \sigma_x\Big[\sin\alpha + 2\dfrac{\nu(\nu-1)}{1-2\nu}\cos\alpha\Big] + \sigma_z\dfrac{2\nu^2-2\nu+1}{1-2\nu}\cos\alpha \end{cases} \tag{3-62}$$

将 x—z 坐标下(垂直裂缝)的诱导应力式(3 - 51)至式(3 - 53)代入式(3 - 62),可得 m—n 坐标下的诱导应力:

$$\begin{cases} \sigma_m = p\,\dfrac{r}{a}\Big(\dfrac{a^2}{r_1 r_2}\Big)^{\frac{3}{2}}\sin\theta\sin\dfrac{3}{2}(\theta_1+\theta_2)\Big[\dfrac{1+\nu-4\nu^3}{(1+\nu)(1-2\nu)}\cos\alpha + \sin\alpha\Big] \\[3mm] \quad - p\Big[\dfrac{r}{(r_1 r_2)^{\frac{1}{2}}}\cos\Big(\theta - \dfrac{1}{2}\theta_1 - \dfrac{1}{2}\theta_2\Big) - 1\Big]\Big[-\dfrac{1-3\nu}{(1+\nu)(1-2\nu)}\cos\alpha + \sin\alpha\Big] \\[3mm] \sigma_n = -p\,\dfrac{r}{a}\Big(\dfrac{a^2}{r_1 r_2}\Big)^{\frac{3}{2}}\sin\theta\sin\dfrac{3}{2}(\theta_1+\theta_2)\Big(-\dfrac{1}{1-2\nu}\cos\alpha + \sin\alpha\Big) \\[3mm] \quad - p\Big[\dfrac{r}{(r_1 r_2)^{\frac{1}{2}}}\cos\Big(\theta - \dfrac{1}{2}\theta_1 - \dfrac{1}{2}\theta_2\Big) - 1\Big]\big[(1-2\nu)\cos\alpha + \sin\alpha\big] \end{cases} \tag{3-63}$$

由胡克定律得

$$\sigma_t = \nu(\sigma_n + \sigma_m) \tag{3-64}$$

式中 t——与 m—n 平面垂直的方向；

p——裂缝面上压力，MPa；

a——裂缝半高，m；

r_1、r_2——任意点到裂缝两端的距离，m；

r——该点到裂缝中心的距离，m；

α——裂缝与最小水平主应力的夹角，(°)。

各几何参数间存在以下关系：

$$\begin{cases} \sigma_t = \nu(\sigma_n + \sigma_m) \\ r_1 = \sqrt{n^2 + m^2 + a^2 - 2an\cos\alpha - 2am\sin\alpha} \\ r_2 = \sqrt{n^2 + m^2 + a^2 + 2an\cos\alpha + 2am\sin\alpha} \\ \theta = \arctan\dfrac{n\sin\alpha - m\cos\alpha}{-n\cos\alpha - m\sin\alpha} \\ \theta_1 = \arctan\dfrac{n\sin\alpha - m\cos\alpha}{a - n\cos\alpha - m\sin\alpha} \\ \theta_2 = \arctan\dfrac{n\sin\alpha - m\cos\alpha}{-a - n\cos\alpha - m\sin\alpha} \end{cases} \tag{3-65}$$

为了验证所推导的倾斜裂缝诱导应力模型的正确性，取 $\alpha = 90°$，则 $\sin\alpha = 1$，$\cos\alpha = 0$，式 (3-63) 可简化为垂直裂缝的诱导应力模型[2]。

第二节 致密气藏压裂复杂裂缝应力条件

一、应力反转条件

水力压裂过程水力裂缝产生的诱导应力会叠加在原地应力上，并改变原地最大、最小水平主应力的相对大小，从而为水力裂缝的转向提供基础。由于在最大水平主应力方向的诱导应力始终小于最小水平主应力方向的诱导应力，因此当最大水平主应力与最小水平主应力的差值大于原始的最大最小水平主应力差值时，就会使得两个水平主应力在区域内发生反转，扩大水力裂缝沟通储层体积如图 3-5 所示，有助于提高改造效果。

二、复杂裂缝网络生成条件

致密气藏要形成复杂裂缝需要满足一定的地应力条件，其中地应力相对大小对裂缝形态

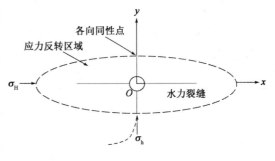

图 3-5 应力反转区域

的影响可以通过水平应力差异系数 K_H 来表征[4,9]：

$$K_H = (\sigma_H - \sigma_h)/\sigma_h \tag{3-66}$$

式中　σ_H——最大水平主应力，MPa；

　　　σ_h——最小水平主应力，MPa。

当水平主应力差、应力差异系数较小，水力裂缝在多个方向起裂，延伸过程中产生多(分支)裂缝，扩展路径曲折，形态复杂。而随着水平主应力差和差异系数增加，地应力控制作用逐渐增强，水力裂缝多裂缝现象逐渐减弱；当应力差异系数达到一定值后，水力裂缝延伸将主要受地应力控制，裂缝沿垂直最小水平主应力方向扩展，裂缝形态相对单一[10]。一般来说，水平应力差异系数为 0~0.3 时，水力压裂能够形成裂缝网络；水平应力差异系数为 0.3~0.5 时，水力压裂在高净压力下能够形成裂缝网络，此时裂缝延伸净压力需要大于水平主应力差[4, 10]；水平应力差异系数大于 0.5 时，水力压裂不能形成裂缝网络。

受压开裂缝诱导应力干扰，原始水平主应力大小发生变化，式(3-66)变为

$$K_H = \frac{(\sigma_H + \sigma'_H) - (\sigma_h + \sigma'_h)}{\sigma_h + \sigma'_h} = \frac{\Delta\sigma - \Delta\sigma'}{\sigma_h + \sigma'_h} \tag{3-67}$$

式中　σ'_H——最大水平主应力方向受到的裂缝诱导应力，MPa；

　　　σ'_h——最小水平主应力方向受到的裂缝诱导应力，MPa；

　　　$\Delta\sigma$——原始水平主应力差，MPa；

　　　$\Delta\sigma'$——诱导应力差，MPa。

K_H 越小，压裂过程中越容易形成复杂裂缝网络，而充分利用水力压裂诱导应力是形成复杂裂缝的有效措施和手段。

第三节　致密气藏压裂井复杂缝网关键因素

根据前面的分析可知，垂直水力裂缝和倾斜水力裂缝的诱导应力存在显著区别，这里分别计算了垂直裂缝和倾斜裂缝的诱导应力场。

一、垂直裂缝诱导应力分析

1. 基础参数

某一致密气藏基本物理参数见表 3-1，分别计算 x—z 平面和 x—y 平面上的诱导应力，并分析影响诱导应力的因素及其影响规律。

表 3-1　某一致密气藏基本参数

参数	数值	参数	数值
地层最大水平主应力 σ_H(MPa)	42	裂缝半高 h_f(m)	60
地层最小水平主应力 σ_h(MPa)	40	裂缝半长 L_f(m)	90
泊松比 ν	0.23	裂缝净压力 p_{net}(MPa)	5

2. x—z 平面应力计算分析

1) 井筒周围诱导应力分布

取 $z = 0.1$，x 正向增大计算 x—z 平面上距离裂缝不同距离处的井筒周围应力分布。图 3 –6 是净压力为 5MPa、裂缝高为 60m 时，井筒 x、y 方向上的诱导应力与到裂缝距离的关系图。图中 σ_{ax} 为 x 方向上的诱导应力，σ_{ay} 为 y 方向上的诱导应力，x 表示井筒方向距离裂缝的垂直距离。可以看出，井筒附近水平诱导应力（σ_{ax}、σ_{ay}）均随着 x 的增大而减小，并且垂直裂缝方向上（x 方向）的诱导应力大于平行裂缝方向上（y 方向）的诱导应力。

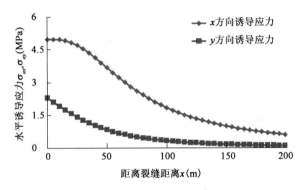

图 3 – 6　x—z 平面井筒周围水平诱导应力图（$h_f = 90\text{m}$，$p_{net} = 5\text{MPa}$）

图 3 –7 是净压力为 5MPa、裂缝高为 60m 时井筒上水平诱导应力差与距裂缝距离的关系图，图中 $\Delta\sigma_a$ 为水平诱导应力差。可以看出，在小于 30m 范围内，$\Delta\sigma_a$ 随着距离的增加而增加；在大于 30m 距离处，$\Delta\sigma_a$ 随着距离的增加而减小，其最大值约为 3.3MPa。由式（3 – 67）可知，当水平诱导应力差大于 2MPa 时，容易形成复杂裂缝，对应的距离约为 80m。

图 3 – 8 和图 3 – 9 是不同缝高和不同净压力对应的井筒周围诱导应力差。

由图 3 – 8 可以看出，不同净压力产生的诱

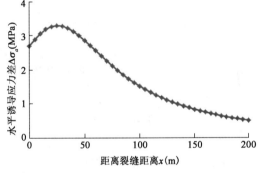

图 3 – 7　x—z 平面井筒附近水平诱导应力差（$h_f = 60\text{m}$，$p_{net} = 5\text{MPa}$）

导应力与裂缝距离的变化趋势基本一致。在约 30m 范围内，$\Delta\sigma_a$ 随着距离增加而增大；在大于 30m 处，$\Delta\sigma_a$ 随着距离的增加而减小。最大诱导应力差值是净压力的函数，随净压力增加而增大；同一距离处，净压力越大其诱导应力差就越大。本算例中水平主应力差是 2MPa，当净压力为 3MPa 时，其最大诱导应力差刚好为 2MPa，没有满足产生复杂裂缝的区域；当净压力大于 3MPa 时，出现复杂裂缝区域，且净压力越大，其诱导应力大于原始水平主应力差（2MPa）区域越大，产生复杂裂缝的区域也越大。

图 3 – 9 是净压力为 5MPa 时，不同缝高裂缝在井筒附近产生的水平诱导应力差值。可以看出，在裂缝表面处（即 $x = 0$ 处）的诱导应力值相等，$\Delta\sigma_a$ 随着距离增加先增大后减小，不同缝

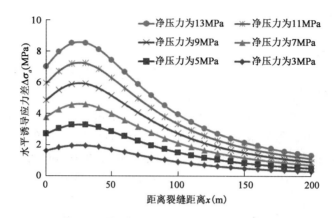

图 3 – 8　x—z 平面不同净压力井筒附近水平诱导应力差（$h_f = 60m$）

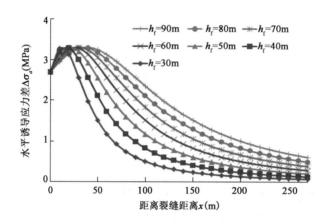

图 3 – 9　x—z 平面不同缝高井筒附近水平诱导应力差（$p_{net} = 5MPa$）

高裂缝均在约 $0.5h_f$ 处取得相同的最大值，约为 $3.3MPa（0.66p_{net}）$；在 30m 高裂缝到达最大值之前的范围内，缝高越大，其诱导应力差值越小。

图 3 – 10 是 x 方向和 z 方向的无因次诱导应力（即诱导应力除以裂缝净压力）与距离裂缝无因次距离（距离裂缝距离除以裂缝半高）的关系曲线。可以看出，与图 3 – 6 有相同的变化趋势。距离裂缝越远，井筒附近水平诱导应力越大。在垂直于裂缝方向上的诱导应力变化曲线有 2 个拐点，在约为 $0.2h_f$ 距离范围内变化平缓；继而急剧减小，直到约为 $2h_f$ 后又开始平缓减小并逐渐趋于 0。而平行于裂缝方向上的诱导应力变化只有一个拐点，初期减小急剧，在约为 1 倍 h_f 处开始变得平缓，之后逐渐减小并趋于 0。

图 3 – 11 是井筒附近无因次水平诱导应力差 $\Delta\sigma_a$ 与距裂缝无因次距离（x/h_f）的关系曲线。可以看出，图 3 – 11 与图 3 – 7 具有相同的变化趋势和规律。在约为 $0.5h_f$ 范围内，$\Delta\sigma_a$ 随着距离的增加而增加；在大于 $0.5h_f$ 距离处，$\Delta\sigma_a$ 随着距离的增加而减小，其最大值约为 $0.66p_{net}$。假设 $0.4p_{net}$ 为原地应力差，并不考虑切应力的影响，当水平诱导应力差大于 $0.4p_{net}$ 时，约在 $1.33h_f$ 范围内容易形成复杂裂缝。取 $0.04p_{net}$ 为裂缝诱导应力的最低值，则裂缝产生诱导应力的影响范围不超过 $5.5h_f$。

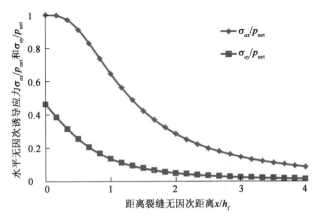

图 3 – 10　x—z 平面井筒周围无因次水平诱导应力与无因次距离关系图

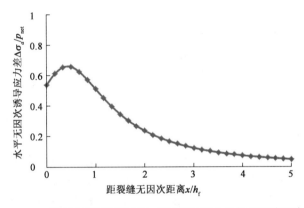

图 3 – 11　x—z 平面井筒周围无因次水平诱导应力差与无因次距离关系图

2) x – z 平面其他位置水平诱导应力分布

从图 3 – 12 中可以看出,水平诱导应力随着 z 增加先增大后减小。在距裂缝比较小的范围(约 20m,即 $1/3h_f$)内,水平诱导应力差先随 z 增大而缓慢增加,达到最大值而后迅速减小;

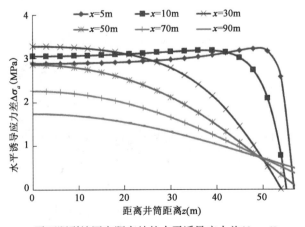

图 3 – 12　x—z 平面距裂缝固定距离处的水平诱导应力差($h_f = 60m, p_{net} = 5MPa$)

在距裂缝位置大于20m时,水平诱导应力随着 z 值增加而减小;距离裂缝越远,复杂裂缝高越小。本算例中距离裂缝80m($1.33h_f$)处,没有应力反转区域。

图3-13展示了沿着 x 方向各点处水平诱导应力差值。可以看出,在 $x=0$ 处,每条曲线初始值相等,即裂缝表面处的水平诱导应力差相等。当 z 值接近裂缝高度(>50m)时,随着距裂缝距离增加,诱导应力差先增加,然后急剧减小,到达一个最小值(甚至为负)后再增加至一个大于零的极大值,然后减小并逐渐趋于零。

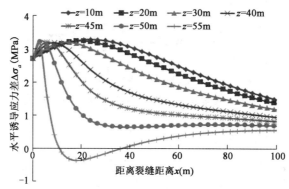

图3-13　x—z 平面距井筒固定距离处水平诱导应力差
($h_f=60\text{m}$, $p_{net}=5\text{MPa}$)

3) x—z 平面切应力

在考虑应力反转区域的时候井筒周围的诱导切应力很小,可以忽略;但是在其他位置处,诱导切应力很大甚至可能超过水平诱导应力值,是不可以忽略的。这里对 x—z 平面上距离井筒一定距离处的诱导切应力和距离裂缝一定距离处的诱导切应力进行了计算分析。

图3-14是距离裂缝一定距离处诱导切应力变化趋势图。可以看出,在距离裂缝不同距离处的切应力均是随着 z 值增加先增大后减小。当距离裂缝比较近时(x 较小),先是平缓上升而后急剧上升,在稍微小于裂缝高度时达到最大值。在距离裂缝较远时,诱导应力缓慢增加,到达最大值后逐渐减小。

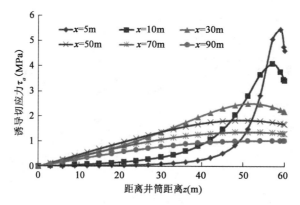

图3-14　x—z 平面距离裂缝固定距离处诱导切应力变化
($h_f=60\text{m}$, $p_{net}=5\text{MPa}$)

图 3 – 15 是距离井筒固定距离处诱导切应力的变化。可以看出,在裂缝表面上($x = 0$)的切应力为零;对于不同 z 值,其诱导切应力值均随 x 增加先增大后减小;z 值越大,最大诱导切应力越大,并且最大诱导切应力对应的 x 值越小。

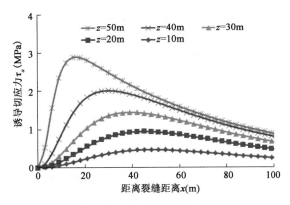

图 3 – 15 x—z 平面距离井筒固定距离处诱导切应力的变化($h_f = 60\text{m}, p_{\text{net}} = 5\text{MPa}$)

3. x—y 平面诱导应力计算分析

通过将 x—z 平面中的 z 坐标转换成 y 坐标,便可以求出 x—y 平面的应力分布如图 3 – 16 所示。其诱导应力计算公式如式(3 – 68)至式(3 – 71)所示:

$$\sigma_{x\text{诱导}} = -p\frac{r}{c}\left(\frac{c^2}{r_1 r_2}\right)^{\frac{3}{2}}\sin\theta\sin\frac{3}{2}(\theta_1 + \theta_2) - p\left[\frac{r}{(r_1 r_2)^{\frac{1}{2}}}\cos\left(\theta - \frac{1}{2}\theta_1 - \frac{1}{2}\theta_2\right) - 1\right]$$

$$(3 - 68)$$

$$\sigma_{y\text{诱导}} = +p\frac{r}{c}\left(\frac{c^2}{r_1 r_2}\right)^{\frac{3}{2}}\sin\theta\sin\frac{3}{2}(\theta_1 + \theta_2) - p\left[\frac{r}{(r_1 r_2)^{\frac{1}{2}}}\cos\left(\theta - \frac{1}{2}\theta_1 - \frac{1}{2}\theta_2\right) - 1\right]$$

$$(3 - 69)$$

$$\tau_{xy\text{诱导}} = -p\frac{r}{c}\left(\frac{c^2}{r_1 r_2}\right)^{\frac{3}{2}}\sin\theta\cos\frac{3}{2}(\theta_1 + \theta_2) \qquad (3 - 70)$$

由胡克定律得 $\qquad\qquad \sigma_{z\text{诱导}} = \nu(\sigma_x + \sigma_y) \qquad\qquad (3 - 71)$

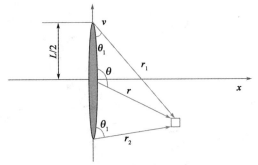

图 3 – 16 x—y 二维平面示意图

在研究水力压裂的裂缝延伸与扩展时,一般更关注 x—y 平面水平主应力。这里重点分析了 x—y 平面水平诱导应力和切应力,以及多缝存在时 x—y 平面诱导应力,以指导压裂优化设计。

1) x—y 平面井筒附近水平诱导应力

图 3 – 17 是取 $y=0.1$，x 正向增大计算 x—y 平面上距离裂缝不同距离处的井筒周围应力分布图，其中净压力为 5MPa，裂缝长度为 90m。可以看出，与 x—z 平面不同，x—y 平面裂缝表面上的水平诱导应力相等，均为 5MPa；且井筒上 x 方向水平诱导应力（σ_{ax}）随着距裂缝的垂直距离的增大而减小至零，而 y 方向上的诱导应力（σ_{ay}）先减小，约在 72m（$0.8L_f$）处减小为负值，在 125m 处（$1.4L_f$）取得最小值，然后缓慢增加并趋于零。垂直裂缝方向（x 方向）上的诱导应力大于平行于缝长方向（y 方向）上的诱导应力。

将图 3 – 17 中两曲线相减，得到 $L_f=90\text{m}$、$p_{net}=5\text{MPa}$ 时井筒上水平诱导应力差与距离裂缝距离关系图，如图 3 – 18 所示。可以看出，在小于 63m（$0.7L_f$）范围内，$\Delta\sigma_a$ 随着距离的增加而增大，在大于 63m（$0.7L_f$）范围内，$\Delta\sigma_a$ 随着距离的增加而减小，其最大值约为 3.9MPa。在本算例中原水平应力差为 2MPa，当水平诱导应力差大于 2MPa 时，即在约 160m 范围内会形成复杂裂缝。

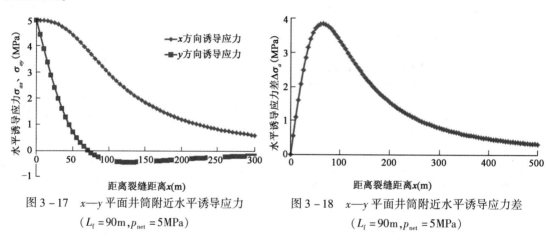

图 3 – 17　x—y 平面井筒附近水平诱导应力
（$L_f=90\text{m}$，$p_{net}=5\text{MPa}$）

图 3 – 18　x—y 平面井筒附近水平诱导应力差
（$L_f=90\text{m}$，$p_{net}=5\text{MPa}$）

改变裂缝长度和缝内净压力，得到不同缝长和不同净压力在井筒上的水平诱导应力差，如图 3 – 19、图 3 – 20 所示，分析缝长和净压力对水平诱导应力差的影响规律。

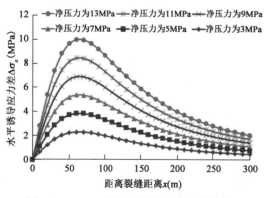

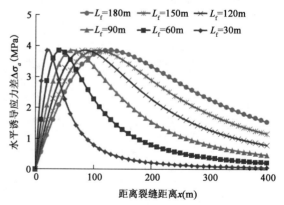

图 3 – 19　x—y 平面不同净压力在井筒附近
的水平诱导应力差（$L_f=90\text{m}$）

图 3 – 20　x—y 平面不同缝长裂缝在井筒附近
产生的水平诱导应力差（$p_{net}=5\text{MPa}$）

由图 3-19 可以看出,不同净压力产生的水平诱导应力差变化趋势类似,当距离裂缝距离小于 63m($0.7L_f$)范围内,$\Delta\sigma_a$ 随着距离增加而增大;在大于 63m 时,$\Delta\sigma_a$ 随着距离增加而减小;最大水平诱导应力差值随净压力增大而增大。

图 3-20 是 $p_{net}=5MPa$ 时,不同长度裂缝在井筒处产生的水平诱导应力差与裂缝距离的关系曲线。在裂缝表面($x=0$)处的水平诱导应力差值均为零;不同长度裂缝的水平诱导应力差值均随距离增加先增加后减小,其最大值与裂缝长度无关,均为 3.9MPa。

为了直接认识井筒上的水平诱导应力变化,将水平诱导应力和距离裂缝的距离无因次化,得到 x 方向和 y 方向的水平无因次诱导应力(即水平诱导应力除以裂缝净压力)和水平无因次诱导应力差(即水平诱导应力差除以裂缝净压力)与距离裂缝无因次距离(距离裂缝距离除以裂缝半长)的关系曲线,如图 3-21、图 3-22 所示。

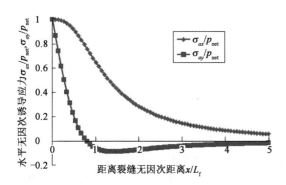

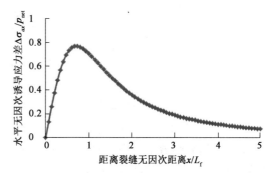

图 3-21　x—y 平面井筒上水平无因次诱导应力与无因次距离关系图　　图 3-22　x—y 平面井筒上水平无因次诱导应力差与无因次距离关系图

图 3-21 是井筒周围 x 和 y 方向上的水平无因次诱导应力与无因次距离的关系曲线。可以看出,x—y 平面裂缝表面上的水平诱导应力相等,均为净压力;且井筒附近 x 方向水平诱导应力(σ_{ax})随着距裂缝垂直距离的增大而减小趋于零,而 xy 平面 y 方向上的诱导应力(σ_{ay})先减小,约在 $0.8L_f$ 处减小为负值,在 $1.4L_f$ 处取得最小值,然后缓慢增加趋于零。可以看出,垂直裂缝方向(x 方向)上的诱导应力大于平行缝长方向(y 方向)上的诱导应力。在垂直于裂缝方向上的诱导应力变化曲线有 2 个拐点,在约为 $0.2L_f$ 内变化平缓,继而急剧减小,直到约为 $2L_f$ 后又开始平缓减小趋于 0。而平行于裂缝方向上的诱导应力变化只有一个拐点,初期急剧减小至负值,在约为 L_f 开始变得平缓,在 $1.4L_f$ 处取得最小值,然后慢慢增加并逐渐趋于 0。

图 3-22 是 x 方向和 y 方向水平无因次诱导应力差(即诱导应力差除以裂缝净压力)与距离裂缝无因次距离(距离裂缝距离除以裂缝半长)的关系曲线。可以看出,在小于 $0.8L_f$ 范围内,$\Delta\sigma_a$ 随着距离的增加而增大;在大于 $0.8L_f$ 后,$\Delta\sigma_a$ 随着距离的增加而减小,其最大值约为 $0.78p_{net}$。假设原地应力差为 $0.4p_{net}$,则在 $1.85L_f$ 范围内容易形成复杂裂缝。

2)x-y 平面其他位置处水平诱导应力

选定不同的 x,针对每一个 x 计算沿着 y 逐渐增大的水平诱导应力差值(图 3-23)。可以看到,在井筒上(y=0)水平诱导应力随 y 增加先增加后减小。在距离裂缝比较小的距离(30m)内,水平诱导应力差先随 y 的增大而缓慢增加;接近裂缝时,达到最大值而后迅速减小。

当距离裂缝距离大于30m时,水平诱导应力随着y增加而减小,即水平诱导应力反转区域随裂缝高度增加,应力反转区域变小。

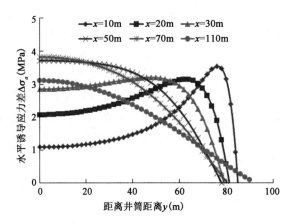

图 3-23 x—y 平面距离裂缝固定距离处的水平诱导
应力差($L_f = 90m, p_{net} = 5MPa$)

3)x—y 平面上的切应力

图 3-24 是随着y值增加,诱导切应力的变化趋势。可以看出,当距裂缝距离小于60m时,切应力均是随着y值增加先增加;在小于裂缝半长时取得最大值,然后急剧减小至一负数,再慢慢增大趋于零。当距离裂缝距离大于60m时,其诱导切应力随着y增大先增大后减小,也是在接近裂缝半长时取得最大值。可以发现,x越小(距离裂缝越近),其最大切应力越大。在$z=0$(井筒附近)的切应力均为0。

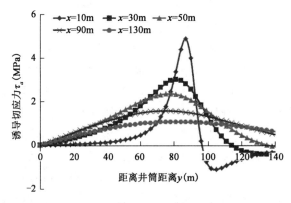

图 3-24 x—y 平面距离裂缝固定距离处诱导切应力
($L_f = 90m, p_{net} = 5MPa$)

图 3-25 是距离井筒固定距离处,随着x增加,诱导切应力的变化曲线。由图可以知道,在裂缝表面上($x=0$)的切应力为零。针对不同的y,其诱导切应力的值均随着x增加先增大后减小。y值越大,在这条线上可能出现的最大诱导切应力越大,且最大诱导切应力对应的x值越小。

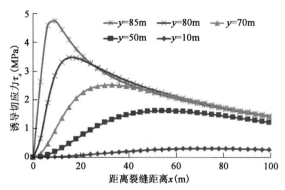

图 3 – 25　x—y 平面距离井筒固定距离处诱导切应力
（$L_f = 90m, p_{net} = 5MPa$）

4. 应力反转区与诱导应力影响范围

图 3 – 26 是净压力为 5MPa、裂缝长度为 90m 时诱导应力差为 2MPa 的等诱导应力差线。诱导应力差大于 2MPa 的区域为应力反转区，即图中曲线围成的区域。可以看出，在 x 轴上的应力反转距离为 360m，在 y 轴上的应力反转区域距离为 180m。

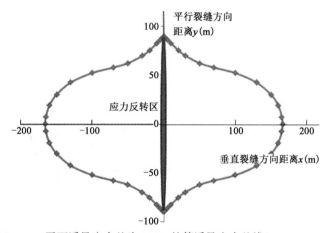

图 3 – 26　x—y 平面诱导应力差为 2MPa 的等诱导应力差线（$L_f = 90m, p_{net} = 5MPa$）

为了分析不同裂缝长度和净压力下的应力反转区和应力转向区，将诱导应力差和 x、y 的值无因次化，得到了如图 3 – 27 所示的无因次水平诱导应力差曲线图。由该图可知，距离裂缝越远，诱导应力差越小。如果取 $0.4 p_{net}$ 为地应力发生反转的边界，可知井筒上的地应力在距离裂缝约 $1.8L_f$ 处发生反转。取 $0.04 p_{net}$ 等无因次诱导应力曲线为裂缝诱导应力的影响范围，则诱导应力在井筒上可延伸至约 $7L_f$ 处。原始水平主应力差值越小，则越容易大规模形成复杂缝网。

二、倾斜裂缝诱导应力分析

1. 基础参数

这里以一口压裂井倾斜裂缝为例，计算裂缝倾斜角、缝内净压力、裂缝半高对诱导应力的影响，其基本参数见表 3 – 2。

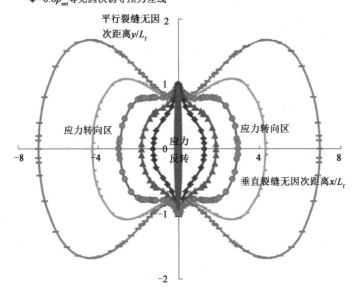

图 3 – 27　无因次水平诱导应力差曲线图

表 3 – 2　基本参数

参数	数值	参数	数值
最大水平主应力 σ_H(MPa)	30	裂缝半高 a(m)	30
最小水平主应力 σ_h(MPa)	28	缝内净压力 p(MPa)	5
泊松比 ν	0.25	裂缝倾斜角 α(°)	50

2. 影响倾斜裂缝诱导应力因素分析

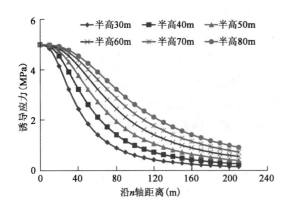

图 3 – 28　垂直裂缝(α = 90°)在 n 轴上最小水平
主应力方向的诱导应力

1) 裂缝半高

由图 3 – 28、图 3 – 29 可以看出,在其他参数相同的情况下,n 轴水平方向诱导应力变化趋势基本相同。不同半高最小水平主应力和最大水平主应力都随着距裂缝面的增加而下降,而裂缝半高越大,诱导应力下降的趋势越平缓。例如,在 50m 处,半高为 30m、40m、50m 和 60m 的最小水平主应力方向的诱导应力分别为 1.85MPa、2.62MPa、3.23MPa 和 3.69MPa,最大水平主应力方向的诱导应力分别为 – 0.42MPa、– 0.43MPa、– 0.3MPa 和 – 0.09MPa。而 70m 和 80m 处最小水平主应力方向的诱导应力为

4.02MPa和4.05MPa,最大水平主应力方向的诱导应力为0.17MPa和0.44MPa。可以很明显地看出裂缝半高越高,则裂缝的诱导应力越大。

图3-30是不同裂缝半高的垂直裂缝在 n 轴上的最小水平主应力方向和最大水平主应力方向的诱导应力差。可以看出,在未达到最大诱导应力差时,裂缝半高越大其诱导应力差增加得越缓慢,所以其诱导应力差越小;当达到最大值后,裂缝半高越大,诱导应力差减小越缓慢,相应的诱导应力差也越大。

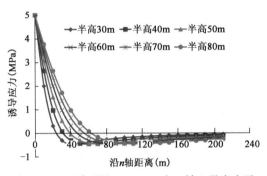

图3-29 垂直裂缝($\alpha=90°$)在 n 轴上最大水平
主应力方向的诱导应力

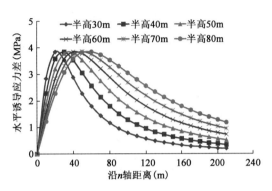

图3-30 垂直裂缝($\alpha=90°$)在 n 轴上水平
诱导应力差

由图3-31至图3-33可知,裂缝的半高越大,则随着沿 n 轴距离的增加,诱导应力的下降速率减小。取 n 轴上50m处的点,该点的最小水平主应力方向诱导应力在半高为30m时为0.38MPa,半高为40m时为0.57MPa,50m时为0.78MPa,60m时为1.09MPa,70m时为1.44MPa,80m时为1.79MPa;最大水平主应力诱导应力在半高为30m时为0.21MPa,半高为40m时为-0.48MPa,半高为50m时为-1.44MPa,半高为60m时为-2.06MPa,半高为70m时为-2.24MPa,半高为80m时为-2.16MPa;垂直主应力方向诱导应力在半高为30m时为0.15MPa,半高为40m时为0.02MPa,半高为50m时为-0.16MPa,半高为60m时为-0.24MPa,半高为70m时为-0.2MPa,半高为80m时为-0.09MPa。由上述分析可知,最小水平主应力方向诱导应力随着裂缝半高的增加而增大;在最大水平主应力和垂直主应力方向诱导应力随着裂缝半高的增加,其压应力减小,然后表现为拉应

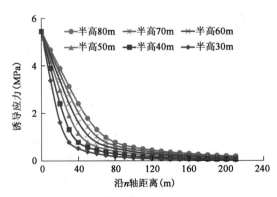

图3-31 倾斜裂缝($\alpha=50°$)在 n 轴上最小水平
主应力方向的诱导应力

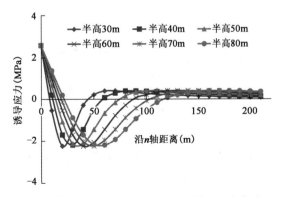

图3-32 倾斜裂缝($\alpha=50°$)在 n 轴上最大水平
主应力方向的诱导应力

力增大,再表现为拉应力减小。较最小水平主应力方向诱导应力,裂缝半高时最大水平主应力方向和垂直主应力方向诱导应力的影响更加复杂。

由图 3-34 可以看出,裂缝半高越大,最小水平主应力方向诱导应力与最大水平主应力方向的诱导应力之差越大,而且影响的范围也越大。

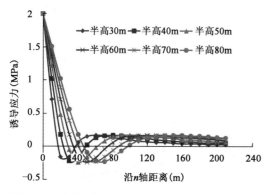

图 3-33 倾斜裂缝($\alpha=50°$)在 n 轴上垂直主应力
方向的诱导应力

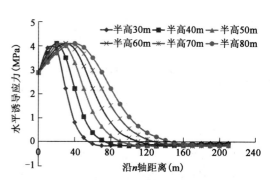

图 3-34 倾斜裂缝($\alpha=50°$)在 n 轴上的
水平诱导应力差

2）缝内净压力

垂直裂缝状态下,裂缝净压力对 n 轴上起始诱导应力的影响较大,裂缝净压力越高,诱导应力越大(图 3-35、图 3-36)。当裂缝净压力较高时,最小水平主应力方向诱导应力大于裂缝净压力较低时的值。然而,对于最大水平主应力方向的诱导应力,裂缝净压力只是在距离裂缝较近的区域影响较大,在距离裂缝较远的区域,裂缝净压力对最大水平主应力方向诱导应力的影响很小。

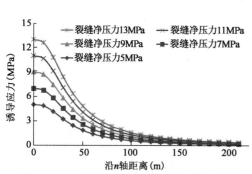

图 3-35 垂直裂缝($\alpha=90°$)在 n 轴上最小
水平主应力方向的诱导应力

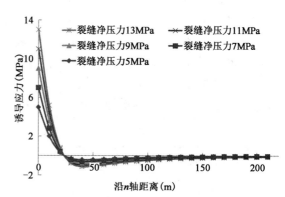

图 3-36 垂直裂缝($\alpha=90°$)在 n 轴上最大
水平主应力方向的诱导应力

从图 3-37 可以看出,不同裂缝净压力下的水平诱导应力差随 n 轴距离的变化规律,可以看出裂缝净压力越大,水平诱导应力差越大,但诱导应力的影响范围并没有明显变化。

从图 3-38 至图 3-40 可以看出,裂缝净压力越大,则诱导应力也越大。但是在距离裂缝越远的地方,裂缝净压力对裂缝诱导应力的影响会迅速减弱,在大约 50m 以后,几乎没有影响。进一步证实了裂缝净压力会影响裂缝诱导应力,但对诱导应力作用距离的影响并不明显。

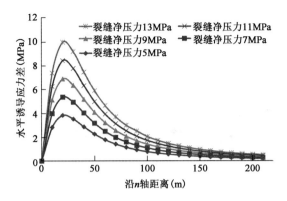

图 3 – 37 垂直裂缝($\alpha = 90°$)在 n 轴上水平诱导应力差

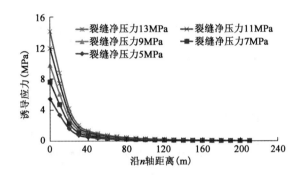

图 3 – 38 倾斜裂缝($\alpha = 50°$)在 n 轴上最小水平主应力方向的诱导应力

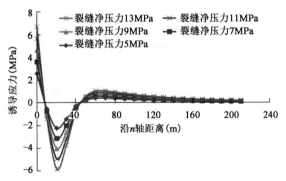

图 3 – 39 倾斜裂缝($\alpha = 50°$)在 n 轴上最大
水平主应力方向的诱导应力

图 3 – 41 是不同裂缝净压力下的诱导应力差。从图中可以看出,裂缝净压力增大,水平诱导应力差增大,但对诱导应力作用距离没有增加。

3)裂缝倾斜角

图 3 – 42 是不同倾角的倾斜裂缝在 n 轴上产生的诱导应力,从图中可以看出,裂缝倾角对诱导应力的影响显著。当裂缝倾角大于 30°,最小水平主应力方向的诱导应力随沿 n 轴距离的增大而减小,即离裂缝越远最小水平主应力方向的诱导应力越小。然而,当裂缝倾角小于30°的时候,诱导应力的变化趋势会发生十分显著的变化。当倾角为 30°和 10°时,最小水平主

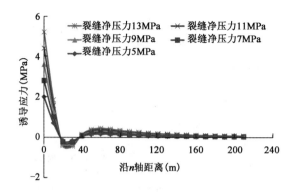

图 3-40 倾斜裂缝($\alpha = 50°$)在 n 轴上垂直主应力方向的诱导应力

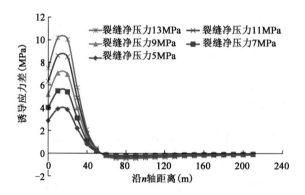

图 3-41 倾斜裂缝($\alpha = 50°$)在 n 轴上水平诱导应力差

应力方向的诱导应力随沿 n 轴距离的增加而减小。但是在 20m 处,诱导应力达到极小值,然后诱导应力随沿 n 轴距离增大而增大,并达到极大值,随后又逐渐减小,最后趋近于零。

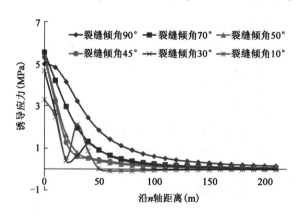

图 3-42 n 轴上最小水平主应力方向诱导应力

从图 3-43 可以看出,裂缝倾角对最大水平主应力方向诱导应力的影响规律复杂。裂缝倾角越大,初始诱导应力越大,而它的最大拉应力则越小。如当裂缝倾角为 70°时,在 0m 处,其最大水平主应力方向的诱导应力为 4MPa,最大拉应力为 -1.2MPa;当裂缝倾角为 30°时,在

0m 处,其最大水平主应力方向的诱导应力为 –1MPa,最大拉应力为 –3MPa。

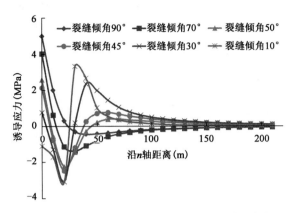

图 3 – 43 n 轴上最大水平主应力方向的诱导应力

在 n 轴上距离裂缝比较近的地方,最大水平主应力方向的诱导应力随着距离增大而减小。但是,当裂缝倾角小于 50°时,诱导应力在距离 20m 处达到最小值,然后增大到极大值,再趋近于零。裂缝倾角大于 50°时,最大水平主应力方向诱导应力会随距离增大而减小。

图 3 – 44 是垂直主应力方向的诱导应力,与图 3 – 43 的最大水平主应力方向的诱导应力变化趋势基本一样,裂缝倾角对 n 轴上垂直主应力和最大水平主应力方向诱导应力的影响相同。

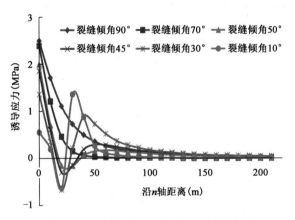

图 3 – 44 n 轴上垂直主应力方向诱导应力

由图 3 – 45 可知,裂缝倾角越小,n 轴方向初始诱导应力差越大,而且当裂缝倾角小于一定的值时,诱导应力差会变为拉应力。以 70°和 30°为例,它们的起始诱导应力差分别为 1.5MPa 和 4MPa,然后诱导应力差随沿 n 轴距离增大而增大,几乎在相同位置达到极大值 4.2MPa,然后裂缝倾角为 70°的诱导应力逐渐趋近于 0,裂缝倾角为 30°的诱导应力则迅速下降,从正的压应力 4.2MPa 变为负的拉应力 –2MPa,然后再逐渐升高并趋近于 0。

3. 裂缝倾角对应力反转区的影响

从图 3 – 46 的倾斜裂缝应力反转区可知,随着裂缝倾斜角减小,应力反转区会略有减小,同时应力反转区会随着裂缝旋转,但应力反转区始终是关于原点对称的图形。在裂缝倾角为 90°时,应力反转区不仅关于原点对称,而且关于两个坐标轴对称。

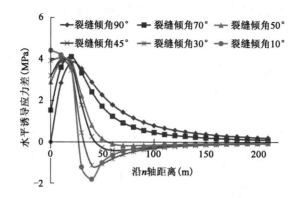

图 3 - 45 n 轴上水平诱导应力差

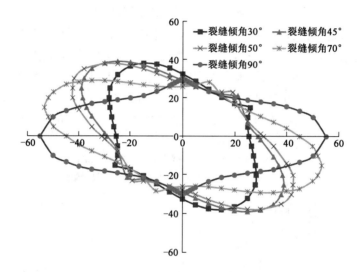

图 3 - 46 倾斜裂缝应力反转区

参 考 文 献

[1] Bybee K. Optimization of completions in unconventional reservoirs[J]. Journal of Petroleum Technology,2011, 63(7):102 - 104.

[2] Sneddon I,Elliot H. The distribution of stress in the neighbourhood of a crack in an elastic solid[J]. Mathematical,Physical and Engineering Sciences,1946,187(1009):229 - 260.

[3] Soliman M,East L,Adams D. Geomechanics aspects of multiple fracturing of horizontal and vertical wells[J]. SPE Drilling & Completion,2004,23(3):217 - 228.

[4] Fanhui Zeng,Jianchun Guo,Shou Ma,et al. 3D observations of the hydraulic fracturing process for a model non - cemented horizontal well under true triaxial conditions using an X - ray CT imaging technique[J]. Journal of Natural Gas Science & Engineering,2018,52:128 - 140.

[5] Fanhui Zeng,Jianchun Guo. Optimized Design and Use of Induced Complex Fractures in Horizontal Wellbores of Tight Gas Reservoirs [J]. Rock Mechanics and Rock Engineering,2016,49(4):1411 - 1423.

［6］曾凡辉,郭建春,李超凡.计算页岩储层水力压裂倾斜裂缝诱导应力的方法:201510896738.5［P］.
　　2018 – 8 – 31.

［7］曾凡辉,郭建春,刘恒,等.致密砂岩气藏水平井压裂优化设计与应用[J].石油学报,2013,34(5):959 – 968.

［8］曾凡辉,郭建春.一种致密储层水平井体积压裂工艺:201310440038.6［P］.2013 – 9 – 24.

［9］杨焦生,王一兵,李安启,等.煤岩水力裂缝扩展规律试验研究[J].煤炭学报,2012,37(1):73 – 77.

［10］陈勉,周健,金衍,等.随机裂缝性储层压裂特征实验研究[J].石油学报,2008,29(3):431 – 434.

第四章
致密气藏压裂井射孔参数优化

水力压裂可以显著提高致密气藏的产量和经济效益。射孔是压裂前打开致密气藏的首要工序,射孔质量好坏直接影响致密气藏井产能的发挥程度和对储层的控制能力[1-2]。致密气藏中针对定向井和水平井的射孔参数优化具有显著的区别。致密气藏定向井压裂射孔参数优化目的是降低储层破裂压力、减少砂堵风险、保障支撑剂输送[3-4]。而致密气藏水平井采用分段多簇压裂的方式进行作业,射孔优化的目标是利用射孔参数优化调节同一压裂段内不同射孔簇的起裂次序,充分利用水力裂缝产生的诱导应力扰动天然裂缝进而提高水力裂缝复杂程度[5-7]。本章针对致密气藏压裂井两种不同的完井方式,优化了与之相适应的射孔参数,并开展了现场应用,有效提高了致密气藏的压裂效果。

第一节　致密气藏定向井压裂射孔参数优化

在致密气藏定向井射孔压裂过程中,水力裂缝沿着最大主应力方向所在平面延伸,即最优裂缝面(PFP)[3],如图4-1所示。

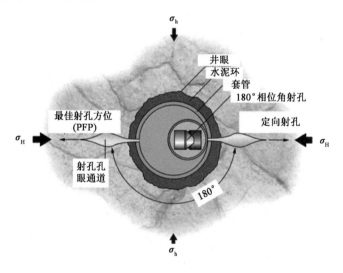

图4-1　定向井压裂射孔方位优化

对于套管射孔完井的定向井,射孔孔眼附近应力状态复杂,并影响裂缝起裂和延伸。当初始射孔方位没有沿着最大主应力方向时,裂缝从射孔孔眼延伸并在地层中转向,最终沿着最大主应力方向延伸,这将会增加施工过程中的裂缝起裂难度和流体摩阻,并且可能导致砂堵,减少支撑剂的体积,显著降低生产效率。

优化井眼周围射孔方向与相对应的最低裂缝起裂压力(FIP)的方法称为定向射孔技术(OPT)。考虑射孔在水力压裂中的重要性,许多研究人员已经研究了定向射孔问题[8-9]。定向井井眼轴向偏离原地应力分量,周围井筒受正应力和剪切应力的共同作用。此外,由于套管水泥环、射孔和流体渗滤而产生的孔隙压力变化引起的附加诱导应力,进一步增加了射孔井周围应力的复杂性。套管水泥环射孔定向井的射孔方位优化本质上是一个三维问题,目前还没有形成一种定向井套管射孔完井的射孔方位优化方法。本节针对致密气藏定向井压裂的射孔方位优化开展了研究:首先综合原地应力、套管水泥环诱导应力、沿着射孔孔眼诱导应力、井筒注液诱导应力、流体渗流诱导应力,通过上述 5 个应力叠加,可得到沿射孔孔眼方向的总应力分布;基于张性破坏准则,并结合总应力分布,计算定向井套管射孔完井不同射孔方位下的破裂压力;根据最小破裂压力对应的射孔方位优选为定向井的最佳射孔方位;进一步用室内物理模拟结果与数值模拟结果进行验证和对比。

一、定向井压裂射孔参数优化数值模拟

将沿射孔孔眼的总应力分布考虑为原地应力分量、套管水泥环诱导应力、射孔孔眼应力分布、井筒注液诱导应力和压裂渗流诱导应力的组合,通过应力叠加,得到定向井射孔孔眼周围的总应力分布。

1. 射孔孔眼周围应力分析

1)原地应力分量

在无限大地层中钻一孔眼后,井眼周围会产生应力集中。根据最大拉伸破坏准则,当最大拉应力分量超过岩石抗拉强度时,水力裂缝起裂。因此,射孔孔眼上的应力剖面预测是定向井射孔参数优化必不可少的部分。对于套管射孔斜井的水力压裂,可以通过 Kirsch 解的叠加得到射孔孔眼周围的应力分布[9-10]。定义与原地应力方向相关的坐标系,如图 4-2 所示。

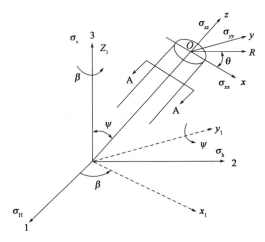

图 4-2　井眼方向和坐标系的转换

坐标轴(1、2和3)分别与3个正交的主应力(σ_v、σ_H和σ_h)方向一致。另外两个坐标(x,y,z)和(R,θ,z)也与井眼有关,并且Oz轴与井眼的轴线方向一致,而Ox和Oy轴位于垂直于井眼的平面中。通过使用右手定则和3轴旋转,可以将有旋转方位角的坐标从$(1,2,3)$转换为(x_1,y_1,z_1)。使用类似的方法,用y_1轴进一步将(x_1,y_1,z_1)转换为(x,y,z)。

根据上述定义,直角坐标系中(x,y,z)的井眼应力分布可以由坐标系$(1,2,3)$中的远场应力分量推导得到,可以写为

$$
\begin{cases}
\sigma_x^o = (\sigma_H\cos^2\beta + \sigma_h\sin^2\beta)\cos^2\psi + \sigma_v\sin^2\psi \\[2mm]
\sigma_y^o = \sigma_H\sin^2\beta + \sigma_h\cos^2\beta \\[2mm]
\sigma_z^o = (\sigma_H\cos^2\beta + \sigma_h\sin^2\beta)\sin^2\psi + \sigma_v\cos^2\psi \\[2mm]
\tau_{xy}^o = (\sigma_h - \sigma_H)\cos\psi\sin\beta\cos\beta \\[2mm]
\tau_{yz}^o = (\sigma_h - \sigma_H)\sin\psi\sin\beta\cos\beta \\[2mm]
\tau_{xz}^o = (\sigma_H\cos^2\beta + \sigma_h\sin^2\beta - \sigma_v)\sin\psi\cos\psi
\end{cases}
\tag{4-1}
$$

式中 σ_x^o、σ_y^o和σ_z^o——坐标系(x,y,z)中的正应力,MPa;

          τ_{xy}^o、τ_{yz}^o和τ_{xz}^o——坐标系(x,y,z)中的剪应力,MPa;

          σ_H、σ_h和σ_v——最大、最小和垂向应力,MPa;

          ψ、β——井斜角、方位角,(°)。

井眼周围的正应力分量和剪应力分量由式(4-1)确定。为了方便计算沿射孔孔眼中每个点的应力分布,进一步将直角坐标系中的应力转换为圆柱坐标(R,θ,z)中的应力,如图4-3所示。

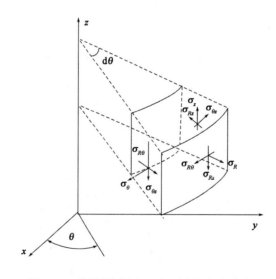

图4-3 井眼周围在极坐标系中的应力分布

根据图4-3,极坐标系中井眼周围的原地应力分量可以改写为

$$
\begin{cases}
\sigma_R = \dfrac{\sigma_x^o + \sigma_y^o}{2}\left(1 - \dfrac{R_w^2}{R^2}\right) + \dfrac{\sigma_x^o - \sigma_y^o}{2}\left(1 + 3\dfrac{R_w^4}{R^4} - 4\dfrac{R_w^2}{R^2}\right)\cos2\theta + \tau_{xy}^o\left(1 + 3\dfrac{R_w^4}{R^4} - 4\dfrac{R_w^2}{R^2}\right)\sin2\theta + p_w\dfrac{R_w^2}{R^2} \\[3mm]
\sigma_\theta = \dfrac{\sigma_x^o + \sigma_y^o}{2}\left(1 + \dfrac{R_w^2}{R^2}\right) - \dfrac{\sigma_x^o - \sigma_y^o}{2}\left(1 + 3\dfrac{R_w^4}{R^4}\right)\cos2\theta - \tau_{xy}^o\left(1 + 3\dfrac{R_w^4}{R^4}\right)\sin2\theta - p_w\dfrac{R_w^2}{R^2} \\[3mm]
\sigma_z = \sigma_z^o - \nu\left[2(\sigma_x^o - \sigma_y^o)\dfrac{R_w^2}{R^2}\cos2\theta + 4\tau_{xy}^o\dfrac{R_w^2}{R^2}\sin2\theta\right] \\[3mm]
\tau_{R\theta} = \dfrac{\sigma_y^o - \sigma_x^o}{2}\left(1 - 3\dfrac{R_w^4}{R^4} + 2\dfrac{R_w^2}{R^2}\right)\sin2\theta + \tau_{xy}^o\left(1 - 3\dfrac{R_w^4}{R^4} + 2\dfrac{R_w^2}{R^2}\right)\cos2\theta \\[3mm]
\tau_{\theta z} = (-\tau_{xz}^o\sin\theta + \tau_{yz}^o\cos\theta)\left(1 + \dfrac{R_w^2}{R^2}\right) \\[3mm]
\tau_{Rz} = (-\tau_{xz}^o\cos\theta + \tau_{yz}^o\sin\theta)\left(1 + \dfrac{R_w^2}{R^2}\right)
\end{cases}
$$

$$(4-2)$$

式中 R——井眼到地层中某一点的径向距离,m;

R_w——井眼半径,m;

θ——相对于 x 轴的方位角(如射孔方位角),(°);

z——沿着井眼轴的位置坐标,m;

σ_R、σ_θ 和 σ_z——径向应力、周向应力和沿着井眼方向的轴向应力,MPa;

$\tau_{R\theta}$、$\tau_{\theta z}$和 τ_{Rz}——剪应力,MPa。

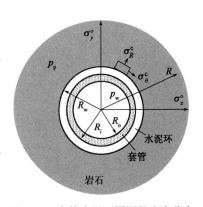

图4-4 套管水泥环周围的应力分布

2)套管水泥环诱导应力

套管弹性模量明显大于水泥环和岩石的弹性模量,岩石弹性模量与水泥环弹性模量是相同数量级。当内部压裂液压力施加到井筒中时,只有一部分井筒压力传递到地层岩石,如图4-4所示。

沿着径向距离,套管井周围岩石的诱导应力分布可写为[11]

$$
\begin{cases}
\sigma_R^c = -TF\dfrac{R_o^2}{R^2}p_w \\[3mm]
\sigma_\theta^c = TF\dfrac{R_o^2}{R^2}p_w
\end{cases}
$$

$$(4-3)$$

其中
$$TF = \frac{1+\nu_c}{E_c}\frac{2(1-\nu_c)}{R_o^2 - R_i^2}R_i^2 \Big/ \left[\frac{1+\nu}{E} + \frac{1+\nu_c}{E_c}\frac{R_i^2 + (1-2\nu_c)}{R_o^2 - R_i^2}R_o^2\right]$$

$$(4-4)$$

式中 σ_R^c 和 σ_θ^c——井眼周围由套管诱导产生的径向应力和周向应力,MPa;

p_w——井底压力,MPa;

TF——传导系数,代表井眼中的压力往地层岩石中的传导能力;

ν_c 和 ν——套管和岩石的泊松比;

E_c 和 E——套管和岩石的杨氏模量,MPa;

R_o 和 R_i——套管的外径和内径，m。

3）射孔孔眼应力分布

假设流体在井眼和射孔孔眼之间流动，并具有相同的流体压力。通过将射孔孔眼与井眼处理为两个相互垂直并具有不同尺寸的孔眼，整个过程的几何模型如图 4 – 5 所示。沿着射孔孔眼的周向应力 $\sigma_{\theta p}$ 可以表示为[9-10]

$$\begin{aligned}
\sigma_{\theta p} = {} & (\sigma_x^o + \sigma_y^o + \sigma_z^o) + 2(\sigma_x^o + \sigma_y^o - \sigma_z^o)\cos 2\theta^* - 2(\sigma_x^o - \sigma_y^o)(\cos 2\theta + 2\cos 2\theta \cos 2\theta^*) \\
& - 4\tau_{xy}^o(1 + 2\cos 2\theta)\sin 2\theta - 4\tau_{\theta z}^o \sin 2\theta^* - 2p_w(\cos 2\theta^* + 1)
\end{aligned} \tag{4-5}$$

式中 $\sigma_{\theta p}$——沿着射孔孔眼切线方向的周向应力，MPa；

   θ^*——射孔孔眼表面相对于 σ_{zp} 方向的方位角，如图 4 – 5 所示。

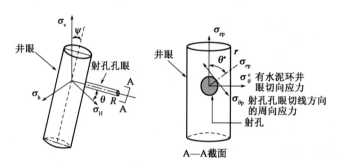

图 4 – 5 射孔孔眼中周向应力重新分布示意图

4）井筒注液诱导应力

当压裂液被注入井筒，井壁压力增加到 p_w，并且此时射孔孔眼产生了附加应力：

$$\begin{cases}
\sigma_{rp}^p = -p_w \\
\sigma_{\theta p}^p = -p_w \\
\sigma_{zp}^p = \tau_{r\theta p}^p = \tau_{rzp}^p = \tau_{\theta zp}^p = 0
\end{cases} \tag{4-6}$$

式中 σ_{rp}^p、$\sigma_{\theta p}^p$ 和 σ_{zp}^p——(r,θ) 坐标系中的正应力，MPa；

   $\tau_{r\theta p}^p$、τ_{rzp}^p 和 $\tau_{\theta zp}^p$——(r,θ) 坐标系中的剪应力，MPa。

5）压裂渗流诱导应力

当流体被注入井筒，射孔孔眼压力 p_w 和原始地层压力 p_p 将会在渗透的煤层中产生一个外径向流动。由流体渗透产生的应力场可以表示为[12]

$$\begin{cases}
\sigma_{rp}^f = -\dfrac{\alpha(1-2\nu)}{(1-\nu)[R^2(t)-r_w^2]}\displaystyle\int_{r_w}^{R(t)} p \cdot r \cdot \mathrm{d}r \\[3mm]
\sigma_{\theta p}^f = \dfrac{\alpha(1-2\nu)}{(1-\nu)}\left[\dfrac{1}{R^2(t)-r_w^2}\displaystyle\int_{r_w}^{R(t)} p \cdot r \cdot \mathrm{d}r - p_p\right] \\[3mm]
\sigma_{zp}^f = \dfrac{\alpha(1-2\nu)}{(1-\nu)}\left[\dfrac{1}{R^2(t)-r_w^2}\displaystyle\int_{r_w}^{R(t)} p \cdot r \cdot \mathrm{d}r - p_p\right] \\[3mm]
\tau_{r\theta}^f = \tau_{rz}^f = \tau_{\theta z}^f = 0
\end{cases} \tag{4-7}$$

式中 τ^f——由流体渗透产生的诱导应力；

α——孔弹性系数，数值介于 0 和 1 之间；

$R(t)$——由流体渗透产生的干扰半径，m；

r_w——射孔孔眼半径，m；

p——地层中位置 r 处，t 时刻的孔隙压力，MPa；

p_p——原始地层压力，MPa；

r——地层中某一点到射孔孔眼处的距离，m。

$R(t)$ 和 p_w 共同依赖于孔隙压力的变化。为了得到射孔孔眼周围总压力分布，必须首先计算由于流体流动导致的孔隙压力分布。当井眼在 $t=0$ 时刻开始增压且具有恒定的注入速率 q 时，由于流体流过多孔岩石，导致井眼周围孔隙压力 p 变化。当流体从可渗透界面渗透时，从压力扩散方程可以获得井眼附近孔隙压力剖面的增量，并且将其处理为达西一维径向渗流，如式(4-8)所示，以径向坐标系表示[13]：

$$\frac{\partial^2 p}{\partial r^2} + \frac{1}{r}\frac{\partial p}{\partial r} = \frac{\phi \mu c}{K}\frac{\partial p}{\partial t} \qquad (4-8)$$

式中 K——岩石渗透率，10^3 mD；

ϕ——地层孔隙度，%；

μ——流体的动力黏度，mPa·s；

c——压裂液的压缩系数，MPa^{-1}；

t——液体注入的持续时间，s。

相应的初始和边界条件如下[14]：

$$p(r) = p_p \qquad (t=0) \qquad (4-9)$$

$$\left(r\frac{\partial p}{\partial r}\right)_{r_w} = -\frac{1}{N_p}\frac{q\mu}{2\pi K L_p} \qquad (t>0) \qquad (4-10)$$

$$p(r) \rightarrow p_p \qquad (r\rightarrow\infty) \qquad (4-11)$$

式中 q——压裂液注入速率，$\mathrm{m^3/min}$；

N_p——射孔孔眼数，个；

L_p——射孔孔眼深度，m。

以往文献中给出了几个不同的方法处理不同的边界条件以得到式(4-8)的解，但这些解法大多涉及复杂的积分和贝塞尔函数，存在使用不方便的难题[15-16]。这里采用点源解来计算注入期间井筒和地层的孔隙压力分布[17]：

$$p(r) = p_p + \frac{qu}{4\pi Kh}\left[-\mathrm{Ei}\left(-\frac{\phi\mu cr^2}{4Kt}\right)\right] \qquad (4-12)$$

其中 $$\mathrm{Ei}(-x) = -\int_x^\infty \frac{e^{-y}}{y}\mathrm{d}y = 0.5772 + \ln x + \sum_{k=1}^\infty \frac{(-1)^k x^k}{k!k} \qquad (4-13)$$

式中 Ei——指数积分。

式(4-12)是式(4-8)的基本解，当井眼半径相对于无限大地层无限小，引入的误差可以忽略。在计算过程中需要关注注入期间的两个压力:井底压力 p_w 和地层压力 p。

压力分布的扰动半径 $R(t)$ 与移动前沿相关联。要解决这个问题,必须考虑时间可变,并通过以下转换来实现:首先运用式(4-12)得到不同时间和位置的地层压力分布。对于任意给定时刻,孔隙压力将随着距离井眼距离的增加而减小。当孔隙压力等于原始地层压力时,该半径即为干扰半径 $R(t)$ [18]。

6)射孔孔眼总应力

在井壁 r_w 处,可以通过式(4-1)至式(4-7)3 个不同的应力分量叠加得到总应力分布:

$$
\begin{cases}
\sigma_{rp} = p_w - TF\dfrac{R_o^2}{R^2}p_w - \dfrac{\alpha(1-2\nu)}{(1-\nu)\left[R^2(t)-r_w^2\right]}\int_{r_w}^{R(t)} p \cdot r \cdot dr \\[2ex]
\sigma_{\theta p} = (\sigma_x^o + \sigma_y^o + \sigma_z) + 2(\sigma_x^o + \sigma_y^o - \sigma_z)\cos2\theta^* - 2(\sigma_x^o - \sigma_y^o)(\cos2\theta + 2\cos2\theta\cos2\theta^*) \\[2ex]
\qquad - 4\tau_{xy}^o(1 + 2\cos2\theta)\sin2\theta - 4\tau_{\theta z}\sin2\theta^* - 2p_w(\cos2\theta^* + 1) + TF\dfrac{R_o^2}{R^2}p_w \\[2ex]
\qquad + \dfrac{\alpha(1-2\nu)}{(1-\nu)}\left[\dfrac{1}{\left[R^2(t)-r_w^2\right]}\int_{r_w}^{R(t)} p \cdot r \cdot dr - p_p\right] \\[2ex]
\sigma_{zp} = \sigma_R^c - \nu\left[2(\sigma_z - \sigma_\theta)\cos2\theta^* + 4\tau_{\theta z}\sin2\theta^*\right] + \dfrac{\alpha(1-2\nu)}{(1-\nu)}\left[\dfrac{1}{\left[R^2(t)-r_w^2\right]}\int_{r_w}^{R(t)} p \cdot r \cdot dr - p_p\right] \\[2ex]
\tau_{\theta zp} = 2(-\tau_{Rz}\sin\theta^* + \tau_{R\theta}\cos\theta^*) \\[2ex]
\tau_{r\theta p} = \tau_{rzp} = 0
\end{cases}
$$

$$(4-14)$$

2. 射孔孔眼起裂准则

张性破坏通常被用来预测裂缝起裂压力,它假设在井壁的任意一点,一旦最大主应力分量达到岩石的抗张强度时,裂缝起裂。

$$\sigma_1 = \sigma_{rp} \tag{4-15}$$

$$\sigma_2 = \frac{1}{2}\left[(\sigma_{\theta p} + \sigma_{zp}) + \sqrt{(\sigma_{\theta p} - \sigma_{zp})^2 + 4(\tau_{\theta zp})^2}\right] \tag{4-16}$$

$$\sigma_3 = \frac{1}{2}\left[(\sigma_{\theta p} + \sigma_{zp}) + \sqrt{(\sigma_{\theta p} - \sigma_{zp})^2 + 4(\tau_{\theta zp})^2}\right] \tag{4-17}$$

通过对比式(4-15)至式(4-17)可知,σ_3 表示井壁处的最大张应力(负值)。

当流体渗透时,地层中孔隙压力增大;孔弹性效应会减小有效最大主应力:

$$\sigma_f = \sigma_3 - \alpha \cdot \overline{p}_{R(t)} \tag{4-18}$$

岩石有效强度 σ_f 与孔隙压力 σ_3 有关。流体注入过程中体积平衡,即单位时间内压裂井

的注入体积等于弹性流体在压力扰动区的压缩量。扰动区域的平均压力为

$$\overline{p_{R(t)}} = \frac{1}{\pi[R^2(t) - r_w^2]}\int_{r_w}^{R(t)} p \cdot 2\pi r \cdot dr = \frac{2}{R^2(t) - r_w^2}\int_{r_w}^{R(t)} p \cdot r \cdot dr \qquad (4-19)$$

式中　σ_f——岩石的有效强度,MPa。

采用最大张应力准则来确定起裂压力:

$$\sigma_f \leqslant -\sigma_t \qquad (4-20)$$

式中　σ_t——岩石抗张强度,MPa。

3. 射孔井破裂压力求解步骤

致密气藏压裂斜井套管射孔完井破裂压力的计算是一个动边界问题,为了求解该问题,首先将整个注入时间划分成若干时间计算单元,针对每一个时间计算单元采用以下步骤开展计算:

步骤1:采用式(4-14)计算射孔孔眼周围的应力分布,式(4-14)考虑了井眼轨迹、原地应力、套管固井、射孔孔眼、孔眼内流体压力以及压裂液渗流效应的综合影响。

步骤2:采用式(4-12)计算注液过程中某一个时间计算单元下的井筒内流体压力 p_p、压力激动半径 $R(t)$ 以及地层孔隙压力分布 $p(r)$,进一步采用式(4-19)计算压力激动半径区域内的平均地层压力 $\overline{p_{R(t)}}$。

步骤3:将步骤2中计算得到的任意时刻射孔井筒内流体压力 p_p、地层孔隙压力 $p(r)$,代入式(4-14)以及式(4-17)、式(4-18),并判断最大有效张应力是否满足抗张强度破坏准则式(4-20)。如果满足式(4-20),则表示射孔孔眼起裂;如果不满足,则进入步骤4。

步骤4:计算下一个注入时间下的新地层压力分布,同时更新井筒内流体压力 p_p、压力激动半径 $R(t)$、地层孔隙压力分布 $p(r)$ 以及压力激动半径区域内的平均地层压力 $\overline{p_{R(t)}}$;并重复开展步骤2、步骤3的计算,直到射孔孔眼起裂。

二、定向井压裂射孔参数优化试验研究

地层的水力压裂是一个十分复杂的物理过程。由于水力压裂裂缝的起裂和延伸难于直接观察,人们往往只能借助于建立在假设和简化条件上的数值模型进行间接分析。水力压裂模拟试验是认识裂缝起裂和延伸机制的重要手段,通过模拟地层条件的压裂试验,可以对裂缝的起裂和延伸过程进行监测,并且可对形成的裂缝进行直接观察。这对于正确认识射孔参数对水力裂缝的起裂和延伸规律具有重要意义。

已经有大量的研究人员通过实验模拟研究了水力裂缝的扩展和延伸问题[8-9]。但是在他们的研究方案中,采用了高黏度的压裂液,难以考虑实际压裂过程中压裂液滤失对储层破裂压力的影响,而本节则研究了这一问题[3]。

1. 实验样品材料

由于天然岩样从选材、采集、运输到加工都存在不小的困难。本研究中利用了自制水

泥块试样,由于其断裂韧性、强度值可由加砂、加水比例进行调节,增强了实验可重复性与可比性。

为了获得满意的外形尺寸,专门设计了预制水泥试样的模具,如图4-6所示,模具由底版、盖板和4个侧板拼装而成。制作试样时,先将4个侧板立在底板上并用8个螺栓将它们两两固定形成箱体(底板上的凸缘和侧板上的基准线用作侧板定位)。在箱体内侧用黄油裱上纸,将注液管倒插在底板中央的沉孔内(这种注液管的定位效果非常好),注液管为外径20mm、内径8mm的钢管,作为模拟井筒,在距钢管底部50mm处钻有直径4mm的圆孔,用塑料管向外延伸20mm,作为预置炮孔。然后将和好的混凝土(水泥、精筛的细砂和水)灌入箱体,合上盖板。待凝固形成后取出。水泥和细砂以3:1混合,水泥为425号建筑水泥。加工完成的试样如图4-6所示。

2. 射孔方位设计

射孔孔眼预设钢管中,钢管尺寸内径为8 mm、外径为12 mm、长度为300 mm。水泥块材料泊松比为0.3、杨氏模量为20.6×10^4MPa。穿孔用可渗透塑料表示,其孔直径为4 mm,长度为40 mm,贯穿整个水泥块(图4-7)。

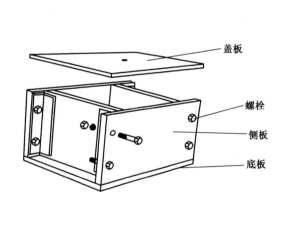

图4-6 水泥样品试制模具   图4-7 射孔孔眼设置结果

在所有测试中(测试2除外),射孔沿着钢管体布置在两个径向相对的3个穿孔线中。对于在最大主应力方向上钻进的垂直井和定向井,沿着PFP设置这些孔眼;对于其他定向井筒方向,射孔孔眼位于最佳射孔方位,具有最小的起裂压力。

3. 最终样品

在设置完射孔孔眼之后,就可以开始制备水泥立方体样品。首先,将钢管磨具放置在模具内预定位置,然后将水钻井液混合物倒在其周围以形成试样。在此过程中使用振动夹板帮助去除气泡。这种处理方法能够保证套管和钻孔之间的有机融合。最后,在硬化12h后将砂浆立方体从模具中取出。测试样品的示意图如图4-8所示。

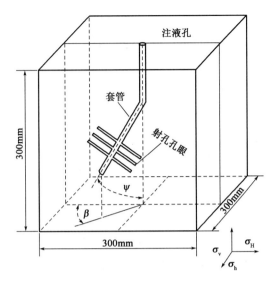

图 4 - 8　测试样品的示意图

4. 测试流程

水力学实验由 3 个主要部分组成：

（1）三轴压缩机，其对 300mm×300mm×300mm 立方体模型施加一定的围压力；

（2）钻孔组件，用于将压裂液压力传递到井筒的一部分；

（3）流体注入系统，用于控制流速。

该实验能够模拟定向井附近的水力裂缝的起裂和延伸。

为了尽量减少实验流程对测试结果的影响，采用以下标准测试程序进行实验：

（1）将预制有射孔孔眼的钢管放置在磨具中，然后在钢管周围注入水泥，等水泥凝固一天硬化后，将模具取出。

（2）钻孔组件与喷射系统连接，手动泵用于 3 个方向加载围压。

（3）进行水力压裂破坏实验。首先，将注入压力升至 2MPa 并检查系统是否泄漏。然后，3 个垂直主应力增加到所需值。接下来，将压裂液（100mPa·s）以 5mL/min 的恒定流速注入井筒中，以增加井筒压力并促进裂缝产生。

（4）在实验之后，沿着原始裂缝手动分割块并沿着钻孔分离以取回套管。由于在压裂液中加入了蓝色染料，因此可以清晰观测到裂缝的形态。

三、定向井射孔参数优化结果

1. 基础参数

采用上述实验装置和样品研究定向射孔对任意井斜角、方位角的裂缝起裂和扩展的影响。总共设计了 3 组对比实验：样品编号 1、2 用于对比定向射孔和螺旋射孔对破裂压力的影响；样品编号 1、3、4 用于对比定向井在 0°方位下，不同井斜角对破裂压力的影响；样品编号 1、5、6 用于对比井斜角为 30°时，不同井眼方位下射孔方位对破裂压力的影响。表 4 - 1 中列出了不同样品模拟对应的井斜角和方位角。

表 4 − 1　实验测试基本参数

样品编号	井斜角(°)	方位角(°)	射孔参数		
			射孔方式	射孔相位(°)	射孔方位(°)
1	30	0	直线布孔	180	0,180
2	30	0	螺旋布孔	90	45,135,225,315
3	0	0	直线布孔	180	0,180
4	60	0	直线布孔	180	0,180
5	30	30	直线布孔	180	165,345
6	30	45	直线布孔	180	158,338

图 4 − 9 是不同测试样品起裂压力与射孔方位的关系,从图 4 − 9 中可以看出,无论井眼方位角如何,当射孔方位小于 90°时,起裂压力随着射孔方位的增加而增大;当射孔方位大于 90°时,这种趋势会反转。对于试验样品 1、3、4、5 和 6,井眼的最小起裂压力为10.2MPa、11.3MPa、8.4MPa、13.0MPa 和 17.4MPa,其对应的射孔方位依次为 0°(180°)、0°(180°)、0°(180°)、165°(345°)和 158°(338°)。因此,在试验测试中预制了各试验样品破裂压力对应的最小射孔方位(表 4 − 1)。

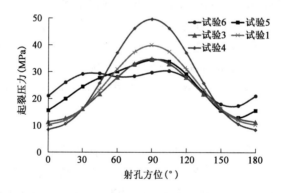

图 4 − 9　不同测试样品起裂压力与射孔方位的关系

2. 实验结果分析

1)定向射孔与螺旋射孔对比

图 4 − 10 对比了定向射孔与螺旋射孔下裂缝几何形态。在试验 1 中,射孔方向处于 PFP(最佳射孔方位)方向,图 4 − 10(a)显示了通过所有射孔孔眼产生了光滑的裂缝平面。然而在试验 2 中[图 4 − 10(b)],其他参数与试验 1 中的参数相同,只有射孔方位从 180°变为 90°,射孔方向偏离 PFP 方向 45°。可以看出,由于射孔方向没有对准最大主应力方向,导致在射孔孔眼附近产生若干竞争性裂缝,所有产生的裂缝几乎都位于最大主应力方向,同时在射孔孔眼的两侧产生了次生、孤立的裂缝。

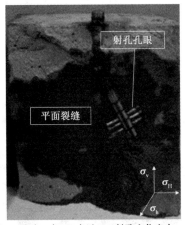 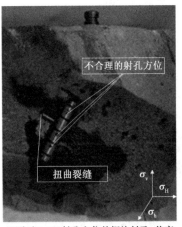

(a)试验1:在PFP中以180°射孔方位定向　　　(b)试验2:90°射孔方位的螺旋射孔,偏离
　　　　射孔　　　　　　　　　　　　　　　　　　PFP方向45°

图4-10　定向射孔和螺旋射孔的比较

2)在不同井斜方位下破裂形态对比

在上述试验中,无论偏差角度是多少,最佳射孔角度在180°的定相角度为0°或180°,并且所有裂缝在PFP方向上生长并延伸穿过所有穿孔。在所有偏斜的井筒中沿着PFP生长平滑的宏观裂缝到立方体的侧面[图4-10(a)、图4-11],这意味着施加高流体压力在所有射孔孔道上,可以迫使裂缝延伸直接沿着PFP开始。值得注意的是,当偏差角为60°时,由于在样品的倾斜断裂面上开始存在天然裂缝[图4-11(b)],可以看到PFP的变化趋势。

 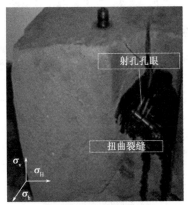

(a)试验3中的断裂形态　　　　　　　　　　(b)试验4中的断裂形态

图4-11　不同井眼方位角下的裂缝形态

3)30°井斜角不同方位角OPT试验

在试验5样品中,井斜角和方位角均为30°,射孔方位分别为165°和345°。裂缝形态见图4-12(a)。可以看出,所有的裂缝均是首先在射孔孔眼处起裂和延伸,当射孔孔眼距离裂缝一定距离后,裂缝逐渐重新定向到最优裂缝平面。试验6样品的井斜角为30°,方位角为45°,分别在158°、338°两个相位采用直线2排6孔设计[图4-12(b)]。可以看到,在射孔孔眼处,

首先产生的是倾斜裂缝,裂缝与井眼方向的夹角为30°;在射孔的 6 个孔眼中均产生了裂缝,并且相邻的射孔孔眼产生了连接;当距离井筒一定距离时,多条裂缝最终演化成一条宏观裂缝,并重新定向于最小水平主应力方向。

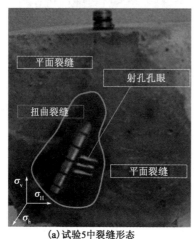

(a)试验5中裂缝形态　　　　　(b)试验6中裂缝形态

图 4 - 12　不同偏差角的断裂几何形状

3. 数值结果与实验结果

为了验证所建立模型的可靠性,将模型计算结果与实验测试和其他已发表的模型进行了对比[9-10]。对比结果见表 4 - 2。

表 4 - 2　数值模拟结果与实验结果对比

测试样品	起裂压力(MPa)			起裂位置 θ^* (°)			裂缝起裂角 γ (°)		
	实验结果	本书模型	Hossain模型	Fallahzadeh模型	本书模型	Hossain模型	Fallahzadeh模型	本书模型	Hossain模型	Fallahzadeh模型
1	10.3	10.2	11.5	11.3	0	0	0	90	90	90
2	11.6	11.5	12.9	12.5	0	0	0	90	90	90
3	11.5	11.3	12.2	12.0	0	0	0	90	90	90
4	8.3	8.4	10.0	9.8	0	0	0	90	90	90
5	12.9	13.0	14.3	13.7	0	0	0	90	90	90
6	17.7	17.4	19.4	19.2	0	0	0	90	90	90

由表 4 - 2 可以看出,本书建立的模型起裂压力预测结果与实验测试结果吻合度很好。而Hossain[10]和 Fallahzadeh[9]模型计算的起裂压力比实验观察到的值高 1 ~ 2MPa。这是由于这些模型都没有考虑套管效应和压裂液渗透对破裂压力的影响,在他们的模型中假设孔隙压力恒定不变。这些模型预测结果和实验结果之间的差异可以通过压裂液的渗流效应来解释。在实验过程中,井眼中的流体压力大于岩石中的孔隙压力,在压裂液注入过程中,岩石中孔隙压力会不断增加,这有利于降低起裂压力[19-20]。此外,文献[9-10]的模型也无法解释注入速率、流体黏度和岩石渗透率对起裂压力的影响,因为这些模型基于应力集中和初始孔隙压力对

破裂压力进行预测。

采用建立的模型对表4-2中6种测试样品,对它们破坏时对应的孔隙压力进行了预测(图4-13)。可以看到,在岩石样品破坏时,射孔孔眼周围的孔隙压力显著增加,并且远大于初始孔隙压力(0MPa),这也表明采用初始孔隙压力来预测破裂压力是不合适的。

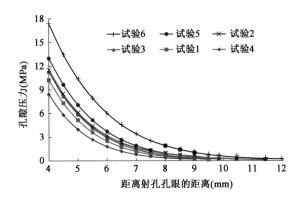

图4-13　不同测试样品计算得到的孔隙压力分布

四、现场应用实例

将定向井压裂的射孔方位优化理论,在四川盆地SXM气田进行了现场应用,具体应用方法如下。

1. 基础参数

根据微地震、小型测试压裂和实验室内试验结果,显示区块平均水平最大主应力方向为 NE 108°;平均垂直主应力为58MPa,最大主应力为51.5MPa,最小主应力为44.5MPa。定向射孔参数优化的参数如下:套管杨氏模量为 20.6×10^4 MPa,泊松比为0.3;射孔孔眼直径为10mm、长度为0.6m;射孔个数为8孔。模拟过程中用到的其他参数如下: $\nu = 0.25$; $E = 2.5 \times 10^4$ MPa; $\alpha = 0.8$; $\sigma_t = 5$ MPa; $p_p = 20$ MPa; $\phi = 13.5\%$; $K = 0.3$ mD; $\mu = 100$ mPa·s; $c = 5 \times 10^{-4}$ MPa^{-1} ; $q = 5$ m³/min; $R_w = 0.6$ m; $\psi = 23°$; $\beta = 150°$ 。

2. 定向射孔优化

图4-14是FIP(起裂压力)与射孔方位的关系。可以看出,FIP 的大小在360°射孔方位内周期性变化。在360°周期内存在两个最小和最大 FIP 点。在这些点处,最佳射孔方向角为22°和202°(图4-14),其对应于最小 FIP 值为45.2MPa;当射孔方位与井眼的夹角为0°和180°时,其对应的破裂压力为47.3MPa,比 OPT 高出2.1MPa,容易产生扭曲裂缝。从图4-14中还可以看出,斜井的最佳射孔方向应同时考虑井斜角和方位角的综合影响。在SXM形成中,平均水平最大主应力方向为NE108°;结合最佳射孔方向角(22°和202°),在射孔时将射孔枪定向在 NE 150° + 22° - 108° = 64°的角度,产生定向的射孔孔眼。

为了比较定向和螺旋射孔对破裂压力的影响,在同一井内的下层采用了60°相位角螺旋布孔进行对比(表4-3)。它们的射孔长度均为0.5m、孔密是16孔/m。

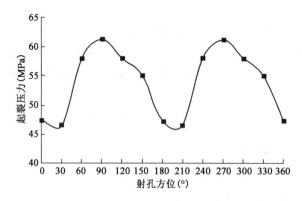

图 4 - 14 FIP 与射孔方位的关系

表 4 - 3 不同射孔方式下的破裂压力对比

测量深度/ 垂直深度(m)	射孔 方式	射孔相位 (°)	射孔方位 (°)	起裂压力 (MPa)	起裂压力梯度 (MPa/m)	近井摩阻 (MPa)	无阻流量 ($10^4 m^3/d$)
1640.0 ~ 1645.0/ 1624 ~ 1629	定向射孔	180	22,202	45.0	2.77	0.11	3.66
1765.0 ~ 1770.0/ 1750 ~ 1755	螺旋射孔	60	—	61.6	3.5	7.04	2.14

图 4 - 15 是定向射孔和螺旋射孔破裂压力对比。记录的时间从注入压裂液开始直至压裂施工结束。整个注入过程可以分为 3 个阶段:第一次注入阶段持续 0 ~ 90min,代表下层水力压裂;第二阶段在 90min 开始并在 117min 结束,并且使用 0.15m³/ min 的低流速来发送球以打开滑动套筒并密封球座;第三阶段从 117min 开始并持续到上层水力压裂过程结束。

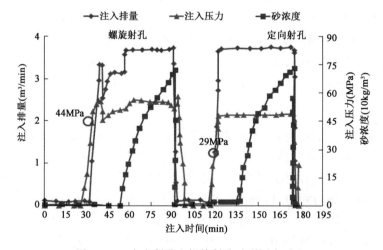

图 4 - 15 定向射孔和螺旋射孔破裂压力对比

这里采用下层注入曲线为例确定 FIP。随着流体以 0.12m³/min 的排量注入井筒中,压裂压力随时间逐渐增加。在 30min 时,当施工压力达到 44MPa 时,地层发生破裂。考虑流体在压裂管柱中摩阻非常小,计算地层的破裂压力为 $44 + 17.55 = 61.55(MPa)$,相应的 FIP 梯度为 3.5MPa/100m。由于下层采用螺旋射孔方式,并且没有考虑最佳射孔方位的影响,因此施工压力曲线波动较大。施工压力在 46.6MPa 和 55.7MPa 之间波动,这是由于水力裂缝延伸过程裂缝弯曲造成的。

由于上层采用定向射孔对射孔参数进行了优化,记录的 FIP 为 45.0MPa,相应的 FIP 梯度为 2.77MPa/100m。由于优化后的定向射孔裂缝面更加平滑且容易延伸,使得施工压力稳定在约 48MPa(图 4 - 15);并且阶梯排量降速率试验表明 OPT 射孔的近井摩阻为 0.11MPa,远低于螺旋射孔的摩阻 7.04MPa。定向射孔和螺旋射孔压裂后的绝对流速分别为 $3.66 \times 10^4 m^3/d$ 和 $2.14 \times 10^4 m^3/d$,见表 4 - 3。

优化后的定向射孔实现了降低破裂压力、形成光滑裂缝形态的目的。该技术在现场推广应用后,显著降低了施工难度并提高了改造效果,能够为类似储层的射孔优化技术提供借鉴。

第二节　致密气藏水平井分段多簇压裂射孔参数优化

致密气藏具有低孔、低渗、普遍发育有天然裂缝的特征。通过对致密气藏水平井分段多簇体积压裂改造形成大规模的复杂裂缝网络带,给致密气流动提供充分的通道,可以获得经济的产量和采收率。目前对致密气藏水平井体积压裂的技术主要有两种:

(1)同步压裂技术:对两口及以上的水平井实施同步分段压裂,利用不同水平井水力裂缝产生的诱导应力干扰,增加压裂水平井筒间区域的裂缝密度和程度,最大限度增加改造区域。

(2)水平井分段压裂技术:对同一口水平井段采用分段多簇射孔压裂,可在应力干扰区域形成有效的裂缝网络,相同改造体积条件下大幅度降低钻完井成本,提高增产效率。

上述致密储层水平井体积压裂方案需要在两口及以上的水平井中实施;由于常用的水平井分段压裂技术是在同一口压裂水平井同一压裂段内多个射孔簇同时延伸和扩展,没有充分利用同一个压裂段内形成多裂缝时产生的诱导应力。

上述致密气藏水平井体积压裂方式均没有考虑水力裂缝与天然裂缝的交互作用,也没有考虑压裂过程中产生的诱导应力。在本节中,作者提出了一种更加有效的水平井体积压裂技术:首先根据储层的地层参数、天然裂缝参数和水力裂缝参数,建立水力裂缝与天然裂缝交互作用时天然裂缝的张开、剪切、穿过破坏准则,定量分析水平主应力差对天然裂缝破坏的影响;对同一压裂段内不同射孔簇的射孔密度优选;并通过对压裂过程中排量阶梯升高的实时控制,利用裂缝延伸压力和孔眼摩阻实现对裂缝起裂次序、裂缝延伸的实时控制,该方法能够显著增加水力裂缝的复杂程度,而且不需要专门的设备,也不会增加作业时间。

一、水力—天然裂缝交互作用分析

1. 物理模型和基本假设

图 4 - 16 描述了水力裂缝接近天然裂缝时,天然裂缝面上的应力分析。事实上,水力裂缝

在地层中延伸过程会产生诱导应力,因此,天然裂缝的受力实际上是原地应力和诱导应力的叠加,水力裂缝和天然裂缝的交互角度(逼近角)为β[6]。

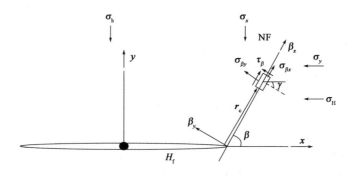

图4-16　水力裂缝和天然裂缝交互模型

2. 水力—天然裂缝交互控制方程

水力裂缝在地层中的延伸过程会产生诱导应力,因此天然裂缝的受力实际上是原地应力和水力裂缝产生的诱导应力叠加,图4-16描述了水力裂缝接近天然裂缝时,天然裂缝面上的应力分布。假设水力裂缝和天然裂缝的逼近角为β,且规定拉应力为"正",压应力为"负",则有

$$\sigma_x = \sigma_H + \frac{K_I}{\sqrt{2\pi r}}\cos\frac{\theta}{2}\left(1 - \sin\frac{\theta}{2}\sin\frac{3\theta}{2}\right) \qquad (4-21)$$

$$\sigma_y = \sigma_h + \frac{K_I}{\sqrt{2\pi r}}\cos\frac{\theta}{2}\left(1 + \sin\frac{\theta}{2}\sin\frac{3\theta}{2}\right) \qquad (4-22)$$

$$\tau_{xy} = \frac{K_I}{\sqrt{2\pi r}}\sin\frac{\theta}{2}\cos\frac{\theta}{2}\cos\frac{3\theta}{2} \qquad (4-23)$$

其中　　　　　　　　　　　　　$K_I = p_{net}\sqrt{\pi l_1}$

式中　σ_x、σ_y、τ_{xy}——在x和y坐标下正应力和剪应力分量,MPa;

　　　σ_H、σ_h——地层最大、最小水平主应力,MPa;

　　　K_I——应力强度因子,MPa·$m^{1/2}$;

　　　p_{net}——裂缝内流体净压力,MPa;

　　　l_1——水力裂缝半长,m;

　　　r——天然裂缝壁面上的任意一点到水力裂缝尖端的距离,m;

　　　θ——天然裂缝壁面上的任意一点与水力裂缝尖端的连线与最大水平主应力方向的夹角,rad。

将式(4-21)至式(4-23)中应力转化到坐标β_x和β_y下,从而得到天然裂缝壁面正应力和剪应力分布,天然裂缝面的正应力为

$$\sigma_{\beta y} = \frac{K_I}{\sqrt{2\pi r}}\cos\frac{\theta}{2} + \frac{K_I}{\sqrt{2\pi r}}\cos\frac{\theta}{2}\sin\frac{\theta}{2}\sin\frac{3\theta}{2}\cos2\beta - \frac{K_I}{\sqrt{2\pi r}}\cos\frac{\theta}{2}\sin\frac{\theta}{2}\cos\frac{3\theta}{2}\sin2\beta +$$

$$\frac{\sigma_{H} + \sigma_{h}}{2} - \frac{\sigma_{H} - \sigma_{h}}{2}\cos2\beta \tag{4-24}$$

$$\sigma_{\beta x} = \frac{K_{I}}{\sqrt{2\pi r}}\cos\frac{\theta}{2} + \frac{K_{I}}{\sqrt{2\pi r}}\cos\frac{\theta}{2}\sin\frac{\theta}{2}\sin\frac{3\theta}{2}\cos2\beta - \frac{K_{I}}{\sqrt{2\pi r}}\cos\frac{\theta}{2}\sin\frac{\theta}{2}\cos\frac{3\theta}{2}\sin2\beta - \frac{\sigma_{H} + \sigma_{h}}{2}\sin2\beta \tag{4-25}$$

$$\tau_{\beta} = \frac{K_{I}}{\sqrt{2\pi r}}\cos\frac{\theta}{2}\sin\frac{\theta}{2}\sin\frac{3\theta}{2}\sin2\beta + \frac{K_{I}}{\sqrt{2\pi r}}\cos\frac{\theta}{2}\sin\frac{\theta}{2}\cos\frac{3\theta}{2}\cos2\beta - \frac{\sigma_{H} + \sigma_{h}}{2}\sin2\beta \tag{4-26}$$

3. 压裂过程中天然裂缝演化

当水力裂缝与天然裂缝相交时,天然裂缝可能会发生张开、剪切滑移以及穿过等都会极大地影响水力裂缝延伸路径,因此应分别建立水力裂缝与天然裂缝交互时天然裂缝的张开、剪切和穿过破坏准则模型。

1) 天然裂缝重新张开

当水力裂缝内的流体压力 p 大于正应力 $\sigma_{\beta y}$ 时,原先闭合的天然裂缝便会张开:

$$p = \sigma_{\beta y} \tag{4-27}$$

根据裂缝扩展理论,在其他条件相同的情况下,线性裂缝扩展所需流体压力最小,则水力裂缝内的流体压力表示为

$$p = \sigma_{h} + p_{net} \tag{4-28}$$

同理,基于弹性力学理论,当天然裂缝发生张开破坏时,其裂缝张开宽度为

$$w = \frac{2(1 - \nu)(p - \sigma_{\beta y})H_{f}}{E} \tag{4-29}$$

式中 w——天然裂缝的张开宽度,m;

ν——泊松比,无量纲;

H_{f}——天然裂缝高度,m;

E——杨氏模量,MPa。

将式(4-27)、式(4-28)代入式(4-29)中整理得

$$w = \frac{2(1 - \nu)(\sigma_{h} + p_{net} - \sigma_{\beta y})H_{f}}{E} \tag{4-30}$$

2) 天然裂缝剪切

当作用于天然裂缝壁面的剪应力过大时,天然裂缝容易发生剪切滑移,因此判断天然裂缝是否发生剪切破坏的临界状态为

$$|\tau_{\beta}| = s_{0} - \mu\sigma_{\beta y} \tag{4-31}$$

而当 $|\tau_{\beta}| > s_{0} - \mu\sigma_{\beta y}$ 时,天然裂缝会发生剪切滑移,根据断裂力学中 Westergaard 函数,无限大介质中 II 型裂缝面(单面)剪切位移表达式为

$$u_{s} = \left(\frac{k + 1}{4G}\right)|\tau_{\beta}|l_{1}\sqrt{1 - (x/l_{1})^{2}} \tag{4-32}$$

其中 $k = 3 - 4\nu; G = E/2(1 + \nu)$

式中 s_0——天然裂缝壁面的黏聚力,MPa;

　　　u_s——剪切位移,m;

　　　k——Kolosov 常数;

　　　G——剪切模量,MPa;

　　　x——裂缝面上任意点坐标,m;

　　　l_1——天然裂缝半长,m。

3) 水力裂缝穿过天然裂缝

水力裂缝与天然裂缝相交时,当作用于天然裂缝壁面的最大主应力达到岩石抗张强度后,若天然裂缝不发生剪切滑移,则水力裂缝会穿过天然裂缝。

$$\sigma_1 = \frac{\sigma_x + \sigma_y}{2} + \sqrt{\left(\frac{\sigma_x - \sigma_y}{2}\right)^2 + \tau_{xy}^2} \qquad (4-33)$$

临界穿过时 σ_1 达到抗张强度 T_0:

$$\sigma_1 = T_0 \qquad (4-34)$$

除满足式(4-34)外,还必须满足裂缝不发生剪切破坏,即 $|\tau_\beta| < s_0 - \mu\sigma_{\beta y}$,当两个条件同时满足时,水力裂缝将穿过天然裂缝并继续延伸。

下面讨论穿过临界距离和初始转向角:

令 $K = \dfrac{K_I}{\sqrt{2\pi r}}\cos\dfrac{\theta}{2}$,$T = T_0 - \dfrac{\sigma_H - \sigma_h}{2}$,并将式(4-31)至式(4-33)代入式(4-34)整理得

$$\cos^2\frac{\theta}{2}K^2 + 2\left[\left(\frac{\sigma_H - \sigma_h}{2}\right)\sin\frac{\theta}{2}\sin\frac{3\theta}{2} - T\right]K + \left[T^2 - \left(\frac{\sigma_H - \sigma_h}{2}\right)^2\right] = 0 \quad (4-35)$$

式(4-35)有两个解,一个解为最大主应力等于岩石抗张强度时的解,另一个解为最小主应力等于岩石抗张强度时的解,前者为所需的解,其对应的临界距离 r_c 和转向角度 γ 如下:

$$r_c = \left[\frac{K_I}{\sqrt{2\pi}K}\cos\frac{\theta}{2}\right]^2 \qquad (4-36)$$

$$\gamma = \frac{1}{2}\arctan\left(\frac{2\tau_{xy}}{\sigma_x - \sigma_y}\right) \qquad (4-37)$$

式中 γ——转向角度,rad,规定与最大水平主应力方向的夹角,逆时针为"正",即向上穿过天然裂缝。

4. 影响水力—天然裂缝交互因素分析

某致密气藏基础参数如下:最大、最小水平主应力分别为50MPa 和45MPa,岩石泊松比为0.25,杨氏模量为 2.0×10^4MPa,岩石抗张强度为3MPa,岩石黏聚力为10MPa,天然裂缝壁面的摩擦系数为0.9,天然裂缝长度为10m,逼近角60°,水力裂缝长度为60m,裂缝内流体净压力为 5 MPa。

1) 主应力差对天然裂缝张开破坏的影响

图4-17表征了不同应力差对天然裂缝壁面正应力影响。从图4-17中可以看出:应力

差越小,正应力越大;在相同应力差下,天然裂缝右翼壁面的正应力大于左翼正应力,在临近交互点右侧附近出现正应力最大值。

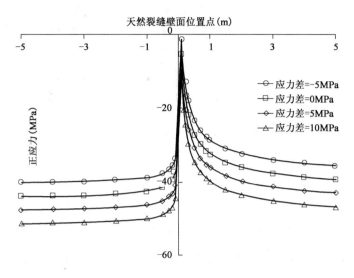

图 4 - 17　应力差对天然裂缝壁面正应力影响

图 4 - 18 表征了不同应力差对天然裂缝壁面张开宽度的影响。从图 4 - 18 中可以看出:应力差越小,裂缝张开宽度越大;天然裂缝左翼壁面的张开宽度小于右翼,在临近交点处右侧附近宽度达到最大值。总之,应力差越小,天然裂缝右翼越容易发生张开破坏。

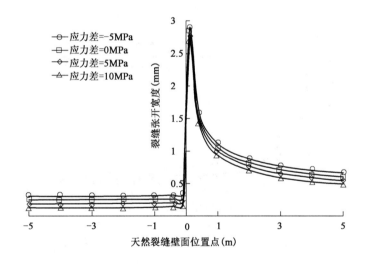

图 4 - 18　应力差对天然裂缝壁面张开宽度的影响

2)主应力差对天然裂缝剪切破坏的影响

图 4 - 19 表征了不同应力差对天然裂缝壁面剪应力的影响。从图 4 - 19 中可以看出:应力差越小,剪应力越大,在交互点右侧取得剪应力峰值。

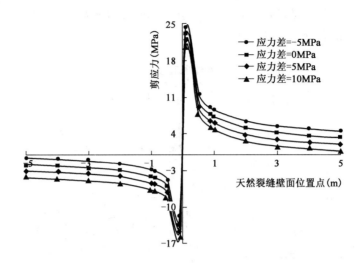

图 4-19　应力差对天然裂缝壁面剪应力的影响

　　图 4-20 表征了不同应力差对天然裂缝壁面剪切位移的影响。从图 4-20 中可以看出：应力差越小，剪切位移越大，发生剪切的位置点越多；在天然裂缝左翼，由于总体剪应力（绝对值）小于右翼，使得在该区域不易发生剪切，只有在临近交互点处容易发生剪切；由于交互点附近剪应力（绝对值）最大，剪切位移达到峰值（3.7mm）。可以看出，应力差越小对天然裂缝壁面的剪切破坏越有利。

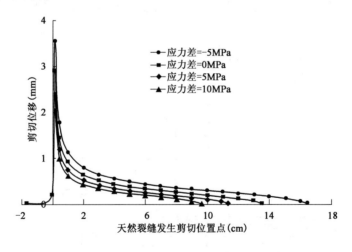

图 4-20　不同应力差对天然裂缝壁面剪切位移的影响

　　3）主应力差对天然裂缝被水力裂缝穿过破坏的影响

　　图 4-21 表征了不同主应力差对天然裂缝壁面最大主应力的影响。从图 4-21 中可以看出：应力差越小，最大主应力越大，且仅在临近交互点右侧区域最大主应力才表现为"拉"应力，从式（4-34）可知，若发生水力裂缝穿过天然裂缝破坏，其穿过位置点应在临近交互点右侧区域。

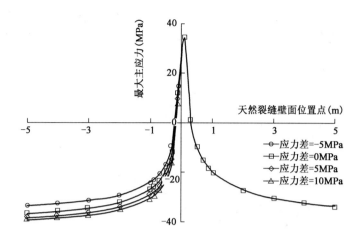

图 4-21 主应力差对天然裂缝壁面最大主应力的影响

图 4-22 描述了不同主应力差对临界穿过距离 r_c 的影响,从图 4-22 中可以看出:应力差越小,临界穿过距离越大,并在逼近角为 60°时取得峰值,说明逼近角为 60°时发生穿过的位置离交互点最远。

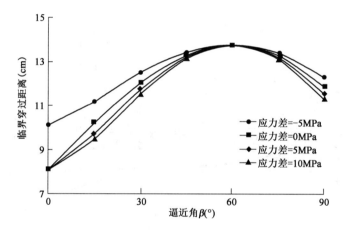

图 4-22 不同主应力差对临界穿过距离的影响

图 4-23 表征了不同主应力差对初始穿过角度 γ 的影响。从图 4-23 中可以看出:当应力差为 -5MPa 时,在逼近角为 0°~15°范围内,初始穿过角度 γ 为"正",表明水力裂缝向上穿过天然裂缝,而在逼近角为 15°~60°范围内,初始穿过角度 γ 为"负",表明水力裂缝向下穿过天然裂缝,在逼近角大于 60°时,水力裂缝向上穿过天然裂缝;当应力差为 0MPa、5MPa 和 10MPa 时,在逼近角为 15°~60°范围内,水力裂缝向下穿过天然裂缝,在逼近角大于 60°时,水力裂缝向上穿过天然裂缝;应力差越小,初始穿过角度(绝对值)越大。

图 4-24 为应力比(最大水平主应力与最小水平主应力之比)大于 0.1 时在不同逼近角情况下的穿过准则图,每条曲线右侧区域表示水力裂缝穿过天然裂缝。从图 4-24 中可以得出:当逼近角从 90°减小到 15°时,且在应力比大于 1 时,对应的穿过区域急剧减少,即水力裂缝穿过天然裂缝的难度增大,水力裂缝更多的是沿着天然裂缝进行延伸;而在应力比小于 1

时,随逼近角的减小对应的穿过区域反而增大。考虑到天然裂缝壁面的摩擦系数较大,应力比越小(最大水平主应力与最小水平主应力之差越小),水力裂缝越容易穿过天然裂缝。

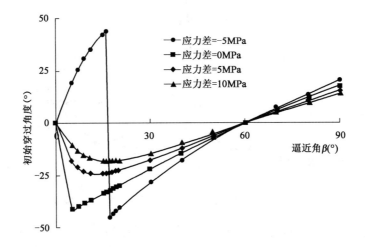

图 4-23 不同主应力差对初始穿过角度 γ 的影响

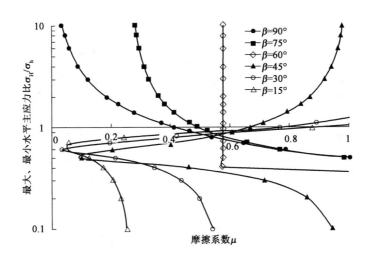

图 4-24 应力比大于 0.1 时不同逼近角情况下的穿过准则图

通过以上对天然裂缝壁面的张开、剪切和穿过破坏的模拟计算分析得出:主应力差越小,天然裂缝的张开宽度越大,发生剪切的位置点越多,剪切位移越大,临界穿过距离和初始穿过角度越大。因此,应力差越小越有利于形成复杂缝网,从而达到理想的施工效果。

二、致密气藏水平井压裂方式及射孔参数优化

为了解决致密气藏水平井压裂难以形成复杂缝网的难题,笔者在哈里伯顿交替压裂模式的基础上,提出了改进的交替压裂射孔参数优化与实时控制技术(图 4-25)。

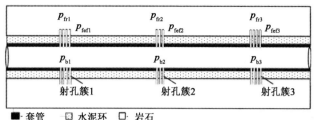

图 4 - 25　改进的交替压裂射孔方式

1. 交替压裂射孔参数优化与实时控制

通过研究形成了一种提高水平井同一压裂段内水力裂缝复杂程度的实时控制方法。具体包括两个步骤来实现和完成：

第一步：射孔参数优选。

优选射孔弹密度，并且控制每簇射孔段的长度小于 4 倍井眼直径，确保每一个射孔簇只形成一条裂缝；通过优选两端射孔簇的孔密高于中间射孔簇孔密，确保在压裂过程中，两端射孔簇裂缝优先起裂和延伸。

第二步：施工排量实时调节和控制。

在压裂实施过程中，通过 2 ~ 3 次阶梯升排量。在低排量时，首先压裂开两端射孔簇裂缝；随后提高排量，利用孔眼摩阻增加井底压力压开中间射孔簇裂缝来提高水力裂缝复杂程度。

具体变排量步骤如下所述[6]。

1）低排量注入阶段

以较小的排量向井筒中注入液体，随着压裂液不断注入，井底压力逐渐升高；由于射孔簇 1 和射孔簇 3 的起裂压力小于射孔簇 2 的起裂压力，因此井底压力首选达到射孔簇 1 和射孔簇 3 的起裂压力；射孔簇 1、射孔簇 3 起裂后，维持较小的排量，井底压力满足式（4 - 38）：

$$p_{fr2} > p_b = p_{b1} = p_{b2} = p_{b3} > p_{fr1} = p_{fr3} \qquad (4-38)$$

式中　　p_{fr2}——射孔簇 2 的起裂压力，MPa；

　　　　p_b——井底流体压力，MPa；

　　　　p_{b1}——射孔簇 1 处对应的井底流体压力，MPa；

　　　　p_{b2}——射孔簇 2 处对应的井底流体压力，MPa；

　　　　p_{b3}——射孔簇 3 处对应的井底流体压力，MPa；

　　　　p_{fr1}——射孔簇 1 的起裂压力，MPa；

　　　　p_{fr3}——射孔簇 3 的起裂压力，MPa。

2）较高排量注入阶段

当射孔簇 1 和射孔簇 3 的裂缝起裂后，为了保证射孔簇 1 和射孔簇 3 的裂缝正常延伸，将排量提高至一个较高的数值；此时注入的流体通过射孔簇 1、射孔簇 3 的孔眼进入地层；在射孔簇 1、3 的裂缝延伸过程中，井底流体压力为储层最小水平主应力、裂缝内流体净压力和射孔孔眼摩阻之和；在该阶段利用排量和射孔孔眼摩阻控制井底压力低于射孔簇裂缝 2 的起裂压

力,即

$$p_{\text{fr2}} > p_{\text{b}} = \sigma_{\text{h}} + p_{\text{net}} + p_{\text{fef1}} = \sigma_{\text{h}} + p_{\text{net}} + p_{\text{fef3}} \tag{4-39}$$

式中 σ_{h}——储层最小水平主应力,MPa;

p_{net}——裂缝内流体净压力,MPa;

p_{fef1}——射孔簇 1 的孔眼摩阻,MPa;

p_{fef3}——射孔簇 3 的孔眼摩阻,MPa。

根据裂缝延伸模型,裂缝内流体净压力与储层杨氏模量、压裂液黏度、施工排量、裂缝半长、储层泊松比、水力裂缝的缝高紧密相关,由式(4-40)计算:

$$p_{\text{net}} = 2.52 \times \left[\frac{E^3 \mu q L_{\text{f}}}{(1-\nu^2)^3 H_{\text{f}}^4}\right]^{1/4} \tag{4-40}$$

式中 E——储层杨氏模量,MPa;

μ——压裂液黏度,mPa·s;

q——注入排量,m³/min;

L_{f}——水力裂缝半缝长,m;

ν——岩石泊松比;

H_{f}——水力裂缝高度,m。

水力裂缝半缝长与储层杨氏模量、注入排量、泊松比、压裂液黏度、水力裂缝高度和注液时间相关,即

$$L_{\text{f}} = 0.395\left[\frac{Eq^3}{2(1-\nu^2)\mu H_{\text{f}}^4}\right]^{1/5} t^{4/5} \tag{4-41}$$

式中 t——压裂液注入时间,s。

射孔孔眼摩阻主要是由注入排量、压裂液密度、射孔孔眼数目、射孔孔眼直径和射孔孔眼流量系数决定,由式(4-42)计算:

$$p_{\text{fef}} = \frac{22.45 q^2 \rho}{N_{\text{p}}^2 d^4 C_{\text{d}}^2} \tag{4-42}$$

式中 q——注入排量,m³/min;

ρ——压裂液密度,kg/m³;

N_{p}——射孔孔眼数目,个;

d——射孔孔眼直径,m;

C_{d}——射孔孔眼流量系数。

3)高排量注入阶段

当射孔簇 1 和射孔簇 3 产生的裂缝延伸到预先设定的长度后,进一步提高排量,利用裂缝延伸时产生的净压力和射孔孔眼摩阻,调控井底压力并使其高于射孔簇 2 的破裂压力,促使射孔簇 2 的裂缝起裂;随后进一步提高排量确保射孔簇 1、射孔簇 2、射孔簇 3 产生的裂缝同时延伸;当裂缝延伸到预先指定的距离后,注入含有支撑剂的携砂液,按照正常的泵注程序完成施工。井底流体压力应满足:

$$p_{\text{b}} = \sigma_{\text{h}} + p_{\text{net}} + p_{\text{fef1}} = \sigma_{\text{h}} + p_{\text{net}} + p_{\text{fef3}} > p_{\text{fr2}} \tag{4-43}$$

式中 p_{b}——井底流体压力,MPa。

2. 水平井交替压裂射孔参数优化实例

1）储层概况和模拟参数

四川盆地川西沙溪庙组储层就是典型的构造—岩性油气藏,埋藏深度为 1800～2200m,有利油气富集微相主要有曲流河道和分流河道,储层平均孔隙度为 9.2%、渗透率为 0.17～0.65mD,属于低渗透致密气藏。由于其构造作用强烈,地区发育有宏观裂缝(多为垂直或斜交缝),形成裂缝—孔隙型储层,在构造平缓地区主要发育有水平或低角度裂缝和微裂缝。前期的开发实践表明,采用直井开发表现出单井产量低、产量递减快、稳产期短和采出程度低的特点,因此水平井分段压裂是实现此类型储层高效开发的关键技术。

水平井分段压裂通过增加油气藏泄油面积、改变油气渗流方式,能够极大地提高油藏产量和采气速度。由于致密气藏基质渗透率低,传统造长缝的设计思路仅能扩大了泄油面积,没有提高储层的整体渗透能力,导致垂直于人工裂缝壁面方向的渗透性很差,不足以提供有效的垂向渗流能力,难以取得预期增产效果,导致压后产量低且递减快。为改善水平井分段压裂效果,充分利用致密砂岩储层的天然裂缝特征以及多条裂缝间的应力干扰,通过优化裂缝起裂次序、裂缝间距、射孔参数和施工参数,实现了天然裂缝扩张和脆性岩石剪切滑移,形成了复杂裂缝网络系统的施工方法和工艺,改善了低渗透储层的整体渗透性能,提高了初始产量和油藏最终采收率[5,7]。

水力裂缝产生的诱导应力场大小是地层力学参数、裂缝间距、几何尺寸、净压力和施工排量等参数的函数。根据岩石力学性质、裂缝参数等就能确定水力裂缝周围的诱导应力场。当计算 2 条或多条裂缝产生的诱导应力时,可以根据叠加原理进行计算。模拟采用川西沙溪庙组致密砂岩储层典型参数(表 4-4)。

表 4-4 模拟基本参数

参数	取值	参数	取值	参数	取值	参数	取值
埋藏深度(m)	2200	稠度系数(mPa·s)	2.37	水平井筒方位(°)	90	裂缝 2 缝长(m)	120
储层厚度(m)	30	流态指数	0.53	泊松比 ν	0.23	裂缝 1 缝高(m)	50
储层渗透率(mD)	0.3	裂缝 1 净压力(MPa)	5	杨氏模量(MPa)	25000	裂缝 2 缝高(m)	50
最大水平主应力 σ_H (MPa)	44	裂缝 2 净压力(MPa)	5	基液黏度(mPa·s)	50	裂缝 3 到裂缝 2 的距离	可变
最小水平主应力 σ_h (MPa)	39	裂缝 1 缝长(m)	120				

通过距先压裂裂缝不同位置水平井筒井壁处的水平方向诱导应力计算结果可以看出(图 4-26),水力裂缝产生的诱导应力导致原地应力增加,且随着距压裂裂缝距离的增加,在最小水平主应力方向的诱导应力场先缓慢变小后迅速降低,而在最大水平主应力方向的诱导应力场先迅速变小后缓慢降低。由于最大水平主应力方向(y 方向)的诱导应力场要小于最小水平主应力方向(x 方向)的诱导应力场,因此压裂裂缝可能导致应力场转向。从 x、y 方向的诱导应力场差值变化情况也可以看出,其存在一个最大诱导应力场变化的位置(图 4-26 中 $x=26m$ 处),这就为优化裂缝间距提供了依据。而诱导应力场导致储层最大、最小水平主应力差值的变小,也为后续主裂缝在扩展过程中充分沟通天然裂缝提供了有利条件。

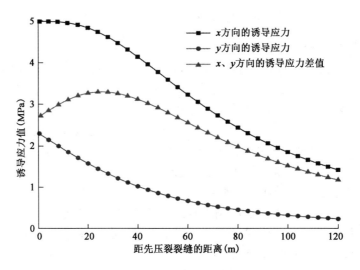

图 4 - 26 水力裂缝诱导应力计算

(1)裂缝起裂次序优化。

设定压裂井段长度为 60 m、压裂形成 3 条裂缝时,分别模拟了裂缝依次起裂和两端裂缝先起裂、中间裂缝后起裂的情况(图 4 - 27),并计算 2 种不同起裂次序下的诱导应力场(图 4 - 28)。

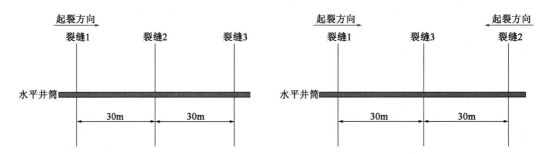

图 4 - 27 不同起裂次序对比

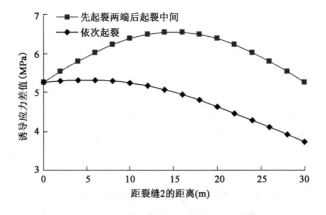

图 4 - 28 裂缝起裂次序对诱导应力差值影响

通过计算结果可以看出,按照两端裂缝先起裂、中间裂缝后起裂的方式施工产生的诱导应力差值(最大为6.6MPa)大于按照裂缝依次起裂方式的施工结果(最大为5.3MPa)。诱导应力差值越大,越有利于形成复杂裂缝,并提高整个储层的渗透率。按照裂缝依次起裂方式施工,随着距离增加,产生的诱导应力逐渐减小,只有在距先压裂裂缝的有限范围内(15m)才有可能形成复杂裂缝;而按照两端裂缝先起裂、中间裂缝后起裂方式施工,随着距离增加,诱导应力差值逐渐增大,在先起裂2条裂缝中间位置取得最大值,按照该方式施工能够在整个距离范围内形成复杂裂缝,从而提高整个储层的渗透率。对比两种施工方式产生的诱导应力场可以看出,按照两端裂缝先起裂、中间裂缝后起裂的方式施工,有助于提高改造效果,因此在以下分析中,均采用此施工方式进行计算。

(2)裂缝间距优化。

在优选裂缝起裂次序的基础上,对裂缝间距进行了优化。

从先压裂2条裂缝不同间距下原地诱导应力场的改变值可以看出(图4-29),诱导应力差值与裂缝间距有关。随着裂缝间距的增加,先压裂裂缝产生的诱导应力差值变小,诱导应力差值的最大区域位于先压裂2条裂缝的邻近区域;当裂缝间距较小(小于60m)时,诱导应力差值的最大区域位于先压裂的2条裂缝中间。因此,为了充分利用诱导应力场导致原地应力方向发生改变,应该尽量减小先压裂裂缝的间距。在图4-29中,当先压裂的2条裂缝间距小于60m,就能保证第3条裂缝形成纵向裂缝并与裂缝1和裂缝2的横切相交,形成复杂裂缝网络。而且即使产生的诱导应力差值不足以改变原地应力方向,由于诱导应力场使原最大、最小水平主应力差值变小,也有助于在压裂过程中沟通天然裂缝,同样也能提高增产效果。

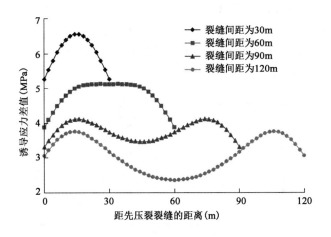

图4-29　诱导应力差值与先压裂裂缝间距的关系

通过先压裂裂缝不同间距下诱导应力差值与水平井筒径向距离的关系可以看出(图4-30),裂缝间距越小,在井筒附近产生的诱导应力差值越小,越不容易形成复杂裂缝,而在远离井筒的地方则易形成复杂裂缝。随着裂缝间距的增加,在井筒附近的诱导应力差值较大,有利于在井筒附近形成纵向裂缝,与先前两端射孔簇形成的横切裂缝相交,形成复杂裂缝形态。在图4-30中,当原地应力差值为5MPa,裂缝间距为20m时,裂缝起裂后仍然为横切裂缝,不会发生裂缝转向,而只有在距离井筒35m以外才会形成复杂裂缝;裂缝间距为30m时,在距离水平井筒48m的范围内会产生纵向裂缝,与裂缝1和裂缝2的横切裂缝相交,形成复杂裂缝网络,超过该影响半径后,裂缝将转而变为横切裂缝;当裂缝间距为60m时,形成纵向裂缝的半径为40m。据此可以看出,应根据储层的具体特征,选择合适的裂缝间距,才能保证足够大的改造体积。结合研究区域的低渗储层特征,优选裂缝间距为30~60m。

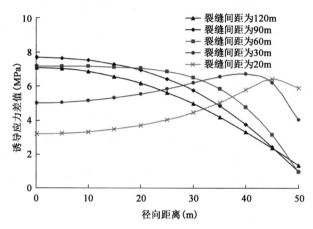

图4-30 诱导应力差值与水平井筒径向距离的关系

(3)施工参数优化。

水平井分段压裂时产生的诱导应力差值大小,除了受地层参数和裂缝间距的影响外,还受到裂缝的净压力大小影响。因此,在裂缝间距确定的情况下,可以通过提高排量、砂比等参数来增加诱导应力差值,促使形成复杂裂缝。

从图4-31可以看出,随着缝内净压力增加,产生的诱导应力差值增大。图4-31中,原始最大、最小水平主应力差值为5MPa,为了形成复杂裂缝,要求已经形成裂缝的净压力要大于5MPa。

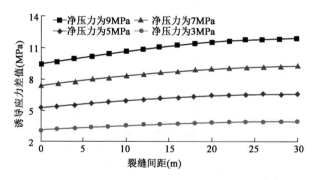

图4-31 不同裂缝净压力对诱导应力差值的影响

裂缝内净压力与施工排量密切相关,采用裂缝三维延伸模拟软件,通过模拟不同排量下的裂缝内净压力可以看出(图4-32),随着排量的增加,裂缝内净压力增大。图4-32中,当排量大于1.6m³/min后,裂缝内净压力会超过5MPa,这会导致诱导产生的应力差值大于原始水平地应力差值。因此,结合施工安全(不发生砂堵)等因素,推荐单条裂缝的施工排量要高于2.0m³/min。

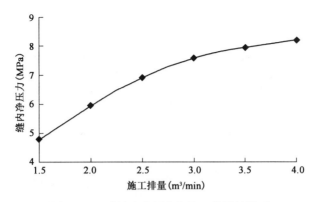

图 4 - 32　裂缝内净压力与施工排量的关系

(4)射孔参数优化。

水平井限流压裂射孔是为了实现多个射孔段同时起裂和延伸,一次压裂形成多条裂缝。而水平井分段压裂射孔优化设计则主要是在储层物性、钻录井显示等资料基础上,利用先压裂裂缝产生的应力干扰,形成复杂裂缝以提高储层的整体渗透率,并通过优化射孔参数组合保证两端射孔段裂缝先起裂、中间射孔段裂缝后起裂。射孔井破裂压力为地层破裂压力和射孔孔眼摩阻之和,因此在准确预测地层破裂压力的基础上,利用孔密、孔深和孔径等参数的组合优化,通过压裂液在孔眼处产生的摩阻以增加井底压力,从而达到按照设计的次序压开多条裂缝目的。具体的方法为:在同一个压裂水平井段内,首先射开 2～3 段,然后通过孔密、孔径、孔深等参数的组合,确保两端射孔段破裂压力低,而中间射孔段破裂压力高;在注入前置液阶段通过调节排量进行压裂控制,使两端裂缝优先起裂;当裂缝延伸到一定规模后,裂缝周围已经形成了较大的诱导应力场(也相应增加了中间射孔段破裂压力),进一步提高排量或者投入蜡球提高已形成裂缝的孔眼摩阻,以保证中间裂缝起裂,随后注入携砂液对所有裂缝实现进一步延伸和支撑。

基于储层参数,并利用破裂压力预测模型[3,20],结合水平井分段压裂后产生的诱导应力场,根据现场常用的射孔弹数据库(表 4 - 5),计算了不同射孔密度下的破裂压力(图 4 - 33)。为实现两端裂缝先起裂、中间裂缝后起裂的目的,射孔段两端采用 DP39RDX25 - 1 型射孔弹(孔密为 16～20 孔/m)、中间射孔段采用 DP36RDX25 - 1 型射孔弹(孔密为 12～16 孔/m)。为了降低施工风险并限制多裂缝同时延伸,每一个射孔段长度设计为 0.5m,射孔相位设计为 180°。在现场施工过程中,以控制井底压力为目标,通过调节排量来实现两端裂缝先起裂和延伸,随后提高排量,利用孔眼摩阻压开中间裂缝。

表 4 - 5　射孔弹数据库

序号	射孔枪型号	射孔弹型号	混凝土靶穿孔性能	
			深度(mm)	孔径(mm)
1	89DP25R16 - 105	DP36RDX25 - 1	595	9.7
2	89DP25R16 - 105	DP36RDX25 - 6	602	9.7
3	89DP25R16 - 105	DP38RDX25 - 2	633	9.7
4	89DP25R16 - 105	DP39RDX25 - 1	725	9.5

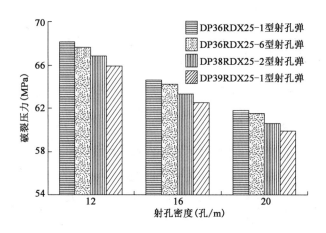

图4-33 射孔密度对破裂压力的影响

通过不同射孔弹、射孔密度下地层破裂压力的预测结果可以看出(图4-33),随着射孔密度增加,破裂压力降低,且射孔密度要高于孔深对破裂压力的影响,因此主要通过调整不同射孔段的射孔密度来控制裂缝起裂次序。以DP36RDX25-1型射孔弹为例,射孔密度从12孔/m分别增加到16孔/m、20孔/m,地层破裂压力也相应从68.4MPa降低到64.3MPa、60.8MPa。

2)水平井分段压裂优化设计实例应用

将裂缝起裂次序、分段间距、射孔组合以及施工参数优化等组合技术在川西区块进行了现场实际应用,并结合完钻水平井的测井、录井资料,选择物性较好的位置集中射孔,采用封隔器分段压裂工艺进行改造。每个改造井段内射孔段数为2~3段,每段射孔长度为0.5m,中间射孔密度为12~16孔/m,两端射孔密度为16~20孔/m,同一段内射孔簇间距30~60m不等。在准确预测破裂压力的基础上,通过排量优化确保两端射孔段裂缝先起裂、中间段裂缝后起裂,从而让诱导地应力场发生改变,使中间裂缝与两端裂缝进行横切交叉,以形成复杂裂缝提高产量。采用该优化技术施工后,最大加砂规模为238m³,最大液量为1978m³,最大分段数为8~15段。与优化前相比,单井平均稳定产量从2.9×10^4m³/d增加到5.3×10^4m³/d,增产效果显著。其中,部分井的改造参数对比结果见表4-6。

表4-6 优化设计前后施工参数与效果对比

井号	水平段长度(m)	改造段数(段)	砂量(m³)	排量(m³/min)	单位时间井口压降(MPa/d)	稳定产量(10^4m³/d)	备注
XS21-3H	619	3	120	4.1~4.8	0.03	2.6	
XS21-2H	700	4	145	4.6~5.0	0.03	2.8	
XS21-8H	457	3	100	4.6~5.0	0.09	2.5	采用优化设计方法前
XS21-7H	700	4	120	4.8~5.1	0.04	3.5	
XS21-10H	653	5	136	4.9~5.4	0.16	3.0	

续表

井号	水平段长度 （m）	改造段数 （段）	砂量 （m³）	排量 （m³/min）	单位时间井口 压降 （MPa/d）	稳定产量 （10⁴m³/d）	备注
XS21 – 11H	630	13	210	3.5 ~ 6.5	0.03	5.2	
XS21 – 4H	773	10	181	4.0 ~ 7.5	0.01	5.3	采用优化 设计方法后
XS21 – 9H	481	8	183	4.0 ~ 6.5	0.04	4.4	
XS21 – 15H	676	8	201	4.0 ~ 6.6	0.02	5.4	
XS21 – 21H	596	12	194	4.0 ~ 6.5	0.04	6.1	

下面具体以 XS21 – 11H 井为例说明详细的优化和施工流程。该井是位于四川盆地川西坳陷的一口典型开发井。水平段长度为 630 m，水平井段主要穿遇Ⅱ、Ⅲ类储层，储层微裂缝发育。根据优化设计方法，采用 4 支封隔器分段压裂 13 条裂缝，并结合测录井解释成果和储层地应力参数，在准确预测地层破裂压力的基础上，优选裂缝间距、射孔参数、施工排量和加砂规模（表 4 – 7）。

表 4 – 7　XS21 – 11H 井压裂参数

分段 编号	射孔 位置	射孔井段 （m）	射孔簇 间距 （m）	射孔弹型号	孔数 （个）	预测破裂压力 （MPa）	砂量 （m³）	排量 （m³/min）
1	1 – 1	2944.08 ~ 2944.58	46.5	DP39RDX25 – 1	8	62.4	35.2	3.5 ~ 6.0
	1 – 2	2990.58 ~ 2991.08		DP39RDX25 – 1	10	58.5		
2	2 – 1	2857.05 ~ 2857.55	40.0	DP39RDX25 – 1	8	62.4	30.7	3.5 ~ 6.0
	2 – 2	2897.08 ~ 2897.58		DP39RDX25 – 1	10	58.5		
3	3 – 1	2734.96 ~ 2735.46	30.0 50.0	DP39RDX25 – 1	8	62.4	43.3	4.5 ~ 6.5
	3 – 2	2764.97 ~ 2765.47		DP36RDX25 – 1	6	66.5		
	3 – 3	2814.97 ~ 2815.47		DP39RDX25 – 1	8	62.4		
4	4 – 1	2600.00 ~ 2600.50	60.0 38.0	DP39RDX25 – 1	8	62.4	47.9	4.5 ~ 6.5
	4 – 2	2660.00 ~ 2660.50		DP36RDX25 – 1	6	66.5		
	4 – 3	2697.95 ~ 2698.45		DP39RDX25 – 1	8	62.4		
5	5 – 1	2455.00 – 2455.50	30.5 39.5	DP39RDX25 – 1	8	62.4	53.0	4.5 ~ 6.5
	5 – 2	2485.50 ~ 2486.00		DP36RDX25 – 1	6	66.5		
	5 – 3	2525.00 – 2525.50		DP39RDX25 – 1	8	62.4		

在优选射孔参数的基础上，为了保证射孔枪顺利下入和减小射孔后枪体变形，采用 89mm 的水平井射孔枪。射孔完成后，采用不动管柱投球滑套分段压裂工具进行压裂。采用 4 支封隔器将水平井段分成 5 段，依次投入 $\phi35mm$、$\phi38mm$、$\phi41.5mm$、$\phi45mm$ 和 $\phi47mm$ 的低密度

钢球,小排量送球入座,然后打开相应的喷砂滑套,进行分段压裂,压开形成 13 条裂缝。其中入地液量为 1808.15m³,入地 30～50 目的陶粒 210.1m³,100 目粉陶 18.0m³(打磨孔眼和支撑天然裂缝),平均砂液比 18.7%～20%,前置液量 652.1m³,携砂液量 1082.5m³,施工排量 4.5～6.5m³/min,施工泵压 60～81MPa。

根据 XS21－11H 井第 3 段的分段压裂施工曲线可以看出(图 4－34),施工开始后,当排量为 1.3m³/min 时,井底压力达到 63.6MPa(井口压力为 45.6MPa),此时两端的射孔簇起裂。前置液初期控制排量为 4.5 m³/min,施工压力为 63.7 MPa,维持井底压力 63MPa 左右,确保中间射孔簇的裂缝不起裂。当前置液注入 63m³ 后,提高施工排量至 6.5m³/min,施工压力为 80.2MPa,井底压力 68.5MPa,而预测中间射孔段破裂压力为 66.5MPa,此时中间射孔段破裂,3 条裂缝同时延伸和扩展。从净压力的变化也可以看出,当排量从 4.5m³/min 提高到 6.5m³/min 后,净压力从 8MPa 上升至 15.7MPa,净压力大幅度上升,表明压开了第 3 条裂缝。在主加砂过程中,净压力在 16.0～21.2MPa 之间的波动变化也反映出其沟通了主压裂裂缝周围的次生裂缝。

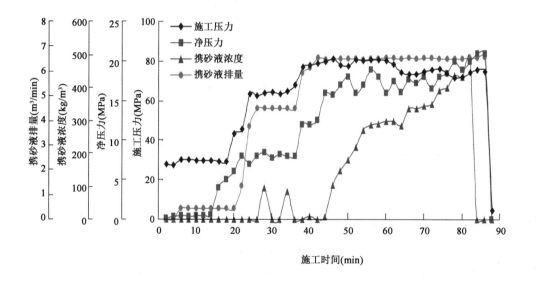

图 4－34　XS21－11H 井第 3 段施工曲线

从采用常规设计(XS21－10H 井)和优化设计(XS21－11H 井)的 2 口相邻水平井现场实施后的对比结果可以看出(图 4－35),采用优化设计方法压裂后的产量要高于常规设计方法,而且油压的下降速度也更慢。由于常规设计实施后在地层中形成了单翼裂缝,控制和泄油面积有限,这导致气井压裂后产量下降很快。而优化设计方法充分利用了水平井分段压裂改造的特点,利用射孔参数优化促使不同的裂缝间先后起裂,并根据产生的应力干扰形成了复杂的裂缝网络,改善了整个储层基质的渗透性,并在主裂缝周围形成了裂缝簇,增加了主裂缝周围基质区域的渗流能力,降低了渗流阻力,保证了油田长期的稳产和高产。

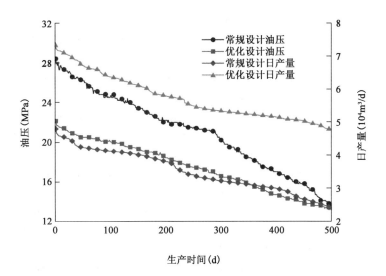

图 4 – 35 XS21 – 11H 井和 XS21 – 10H 井的实施效果对比

参 考 文 献

[1] 张广清,陈勉.定向射孔水力压裂复杂裂缝形态[J].石油勘探与开发,2009,36(1):103 – 107.

[2] 刘合,王峰,王毓才,等.现代油气井射孔技术发展现状与展望[J].石油勘探与开发,2014,41(6): 731 – 737.

[3] Zeng F, Cheng X, Guo J, et al. Investigation of the initiation pressure and fracture geometry of fractured devia-ted wells[J]. Journal of Petroleum Science & Engineering, 2018, 165:412 – 427.

[4] 曾凡辉,郭建春,李超凡.一种选择斜井压裂射孔方位的方法:2015108958009[P].2018 – 8 – 7.

[5] 曾凡辉,郭建春.一种致密储层水平井体积压裂工艺:201310440038.6[P].2013 – 9 – 24.

[6] Fanhui Zeng,Jianchun Guo, Zhangxing Chen, et al. Completions for triggering fracture networks in shale wells: 16/159,146[P].2018 – 10 – 12.

[7] Zeng F H, Guo J C. Optimized Design and Use of Induced Complex Fractures in Horizontal Wellbores of Tight Gas Reservoirs[J]. Rock Mechanics and Rock Engineering, 2016:49(4), 1411 – 1423.

[8] Zhu H, Deng J, Jin X, et al. Hydraulic Fracture Initiation and Propagation from Wellbore with Oriented Perfo-ration[J]. Rock Mechanics & Rock Engineering, 2015, 48(2):585 – 601.

[9] Fallahzadeh S H, Rasouli V, Sarmadivaleh M. An Investigation of Hydraulic Fracturing Initiation and Near – Wellbore Propagation from Perforated Boreholes in Tight Formations[J]. Rock Mechanics & Rock Engineering, 2015, 48(2):573 – 584.

[10] Hossain M M, Rahman M K, Rahman S S. Hydraulic fracture initiation and propagation: roles of wellbore trajectory, perforation and stress regimes[J]. Journal of Petroleum Science & Engineering, 2000, 27(3): 129 – 149.

[11] Timoshenko S P ,Goodier J N , Abramson H N. Theory of Elasticity [J]. Journal of Applied Mechanics, 1970, 37(3):888.

[12] Green A, Lindsay K. Thermoelasticity[J]. Elasticity, 1972,2: 1 – 7.

［13］ Chen Z, You J. The behavior of naturally fractured reservoirs including fluid flow in matrix blocks［J］. Transport in Porous Media, 1987, 2(2):145 – 163.

［14］ Larson V C. Understanding the muskat method of analysing pressure build-up curves［J］. Journal of Canadian Petroleum Technology,1963, 2: 136 – 141.

［15］ Ito T. Effect of pore pressure gradient on fracture initiation in fluid saturated porous media: Rock［J］. Engineering Fracture Mechanics, 2008, 75: 1753 – 1762.

［16］ Lhomme T, Detournay E, Jeffrey R G. Effect of fluid compressibility and borehole on the initiation and propagation of a transverse hydraulic fracture ［J］. Strength Fracture & Complexity. 2005, 3: 149 – 162.

［17］ Ezekoye O A. Conduction of Heat in Solids ［J］. Physics Today, 1962, 15(11):74 – 76.

［18］ Fanhui Zeng, Bo Yang, Jianchun Guo, et al. Experimental and Modeling Investigation of Fracture Initiation from Open-Hole Horizontal Wells in Permeable Formations［J］. Rock Mechanics and Rock Engineering, 2018.

［19］ Schmitt D, Zoback M. Infiltration effects in the tensile rupture of thin walled cylinders of glass and granite: implications for the hydraulic fracturing breakdown equation［J］. International Journal of Rock Mechanics and Mining Sciences & Geomechanics Abstracts, 1993: 289 – 303.

［20］ Fanhui Zeng, Jianchun Guo, Yuxuan Liu. A finite element model to predict wellbore fracture pressure with acid damage ［J］. Sains Malaysiana, 2015, 44: 1377 – 1388.

第五章
致密气藏压裂水平井裂缝参数评价及优化

在储层参数和支撑剂用量给定的条件下,压裂井产能与裂缝长度和裂缝宽度组合密切相关。因此,在特定储层参数和支撑剂下,需用压裂设计方法优化裂缝的几何参数,使其与储层相匹配,得到最优压裂井产能。Economides[1]在2002年首次提出支撑剂指数这一概念,其基本思想就是在给定的储层大小、储层物理参数、支撑剂类型及其用量条件下,对裂缝参数进行优化。因为裂缝长度和裂缝宽度会争夺支撑剂体积,因此需要在两者之间寻找平衡,以求获得最大的油气产能,这种优化压裂设计方法称为支撑剂指数法。该方法无法考虑非达西流动的影响,也无法很好地解决致密气藏非均质水平井压裂裂缝参数评价与优化。

为了解决致密气藏压裂水平井的裂缝参数优化问题,本章结合分段压裂改造主要集中在相对均质段的实际情况,将非均质储层水平井段划分成若干均匀段单元;以均匀段为研究单元,综合气体裂缝内高速非达西、支撑带伤害等因素,以压裂井的最大生产能力为目标,综合考虑缝长、缝宽、压裂材料与储层物性、流体性质的最佳匹配,利用支撑剂指数法,建立了非均质储层压裂水平井裂缝参数的优化设计理论[2-4],并将其应用于致密气藏压裂水平井裂缝参数评价及优化。

第一节 优化设计思路

致密气藏压裂设计技术路线图如图5-1所示,其基本思路是:

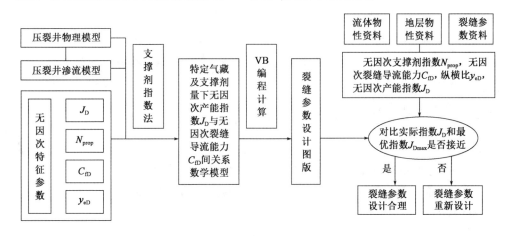

图5-1 压裂设计技术路线图

(1)根据量纲分析法,定义气藏压裂井无因次特征参数,无因次产能指数 J_D、无因次支撑剂指数 N_{prop}、无因次裂缝导流能力 C_{fD};

(2)结合压裂水平井的物理模型、渗流模型及新定义的无因次特征参数,根据压裂设计方法,在特定气藏及支撑剂条件下,建立不同无因次支撑剂指数 N_{prop} 对应的无因次产能指数 J_D 与无因次裂缝导流能力 C_{fD} 间的函数关系,建立压裂井裂缝参数设计的标准图版;

(3)根据实际压裂水平井的施工资料、储层物性资料及裂缝参数资料,得到实际储层的纵横比 y_{eD}、无因次裂缝导流能力 C_{fD}、无因次支撑剂指数 N_{prop} 及实际无因次产能指数 J_D,利用标准图版得到最优无因次产能指数 J_{Dmax};

(4)对比实际无因次产能指数 J_D 与理论最优无因次产能指数 J_{Dmax} 的大小,如果两者相对误差在给定范围内,则说明实际压裂水平井裂缝参数设计合理,反之需对实际水平井裂缝参数重新设计。

第二节　基本假设及无因次参数

压裂水平井控制矩形泄气区是由多条纵向裂缝控制区组成,在储层达到拟稳态流动情况下,各裂缝控制区界面可取为缝间中部位置处。因此,可将压裂水平井总的控制区分为若干个单条裂缝控制区。首先分析单条裂缝控制区(图5-2、图5-3),其长为 y_e,宽为 x_e,高为 h,渗透率为 K;人工裂缝半长为 x_f,宽为 w_f,渗透率为 K_f,裂缝分布在泄气区中间,且完全穿透储层,以裂缝中点为原点,以裂缝长度方向为 x 轴,垂直裂缝方向为 y 轴建立坐标系,其俯视图如图5-3所示。

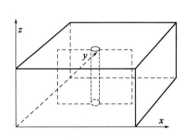

图5-2　单条裂缝控制矩形泄气区示意图

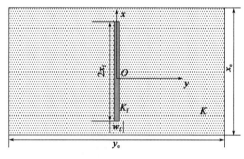

图5-3　矩形泄气区俯视图

定义无量纲基本参数如下:

(1)矩形气藏纵横比 y_{eD}:

$$y_{eD} = \frac{y_e}{x_e} \tag{5-1}$$

式中　x_e——单条裂缝控制矩形气藏区域中平行裂缝方向的长度,m;

　　　y_e——单条裂缝控制矩形气藏区域中垂直裂缝方向的长度,m。

(2)穿透比 I_x:

$$I_x = \frac{2x_f}{x_e} \tag{5-2}$$

式中　x_f——裂缝半长，m。

（3）无因次裂缝导流能力 C_{fD}：

$$C_{fD} = \frac{K_f w_f}{K x_f} \tag{5-3}$$

式中　w_f——人工裂缝宽度，m；

　　　K_f——裂缝渗透率，mD；

　　　K——气藏渗透率，mD。

（4）无因次支撑剂指数 N_{prop}：为使得裂缝参数控制容易，无因次支撑剂指数这一新的无因次参数被提出。无因次支撑剂指数定义为两个比值（裂缝渗透率与油藏基质渗透率的比值、支撑裂缝体积与单条裂缝控制气藏体积的比值）的乘积。无因次支撑剂指数的物理意义是裂缝导流能力的改善与裂缝支撑体积的影响范围在整个气藏中所占的比例。

$$N_{prop} = \frac{2 K_f V_p}{K V_r} \tag{5-4}$$

式中　N_{prop}——无因次支撑剂指数；

　　　V_p——储层内部支撑裂缝体积，m^3；

　　　V_r——单条裂缝控制气藏体积，m^3。

根据储层内部支撑裂缝体积定义式及单条裂缝控制体积定义式，进一步得到无因次支撑剂指数表达式：

$$N_p = I_x^2 C_{fD} \frac{x_e}{y_e} \tag{5-5}$$

（5）无因次产能指数 J_D：单位压差下气井的产气量，对于气井无因次产能指数，用拟压力形式表示为

$$J_D = \frac{\alpha T}{Kh} \cdot \frac{q_f}{\psi - \psi_f} \tag{5-6}$$

在低压条件下，气体黏度和偏差因子的乘积为常数，即 μZ 与压力无关，为常数，拟压力可表示为

$$\psi = 2 \int_{p_0}^{p} \frac{p}{\mu Z} dp = \frac{p^2}{\mu Z} \tag{5-7}$$

将式（5-7）代入式（5-6），得无因次产能指数与压力及产量间关系式为

$$J_D = \frac{\alpha \mu Z T}{Kh} \cdot \frac{q_f}{\overline{p}^2 - p_f^2} \tag{5-8}$$

式中　J_D——无因次产能指数；

　　　q_f——单条裂缝产量，m^3/d；

　　　ψ——气藏气体平均拟压力，MPa/s；

ψ_f——井筒拟压力,MPa/s;

μ——气体黏度,mPa·s;

Z——气体偏差因子;

K——气藏渗透率,mD;

T——气藏温度,K;

h——储层厚度,m;

p——地层压力,MPa;

p_0——大气压力,MPa;

$\bar{p}$——平均地层压力,MPa;

p_f——井底流压,MPa;

α——常数,取 1.291×10^{-3}。

对于压裂气井,在拟稳定流下,Cinco – Ley 和 Samaniego[5] 提出裂缝无因次产能指数与无因次裂缝导流能力关系曲线的 F 函数:

$$J_D = \frac{1}{\ln(r_e/x_f) - 0.75 + \ln(x_f/r_w) + s_f} \tag{5-9}$$

其中

$$F = \ln(x_f/r_w) + s_f = \frac{1.65 - 0.32u + 0.11u^2}{1 + 0.18u + 0.064u^2 + 0.005u^3} \tag{5-10}$$

$$u = \ln C_{fD} \tag{5-11}$$

所以用 F 函数表示的无因次产能指数为

$$J_D = \frac{1}{\ln(r_e/x_f) - 0.75 + F} \tag{5-12}$$

式中　r_e——泄气区半径,m;

　　　r_w——井筒半径,m;

　　　s_f——裂缝表皮系数;

　　　C_{fD}——无因次裂缝相对导流能力。

第三节　压裂水平井裂缝参数优化模型

针对压裂水平井,裂缝沿水平井筒均匀分布,则达到拟稳态流条件下,每条裂缝控制的对应矩形泄气区域,如图5-4所示。整个压裂水平井无因次产能指数为每条裂缝产能指数之和,取单条裂缝及其控制区域为研究对象。

$$J_{Dtotal} = \sum_{i=1}^{N} J_{Di} \tag{5-13}$$

式中　J_{Di}——单条裂缝无因次产能指数;

　　　J_{Dtotal}——压裂水平井总的无因次产能指数;

　　　N——裂缝条数。

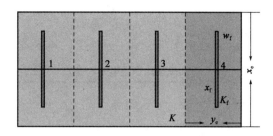

图 5 - 4　压裂水平井示意图

一、压裂水平井裂缝参数优化模型

由于不同无因次支撑剂指数下,裂缝控制体的渗流方式不同。在无因次支撑剂指数小于等于 0.1 时,裂缝穿透比较小,拟稳态下地层呈现拟径向流;在无因次支撑剂指数大于 0.1 时,穿透比较大,裂缝几乎完全穿透控制体,拟稳态下地层呈现线性流,如图 5 - 5 所示。因此在不同无因次支撑剂指数下,得到不同无因次产能指数与无因次裂缝导流能力函数关系。

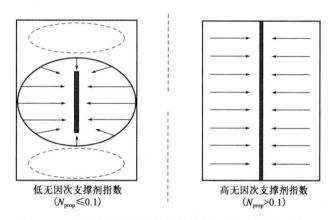

低无因次支撑剂指数　　　　　　高无因次支撑剂指数
$(N_{prop} \leqslant 0.1)$　　　　　　　　　$(N_{prop} > 0.1)$

图 5 - 5　不同无因次支撑剂指数拟稳态下地层流态示意图

1. 低无因次支撑剂指数($N_{prop} \leqslant 0.1$)

在拟稳态流动下,Cinco - Ley[5]提出裂缝无因次产能指数与无因次裂缝导流能力关系曲线的 F 函数,Diyashev[6]根据 F 函数得到不同矩形控制区下无因次产能指数与无因次支撑剂指数及无因次裂缝导流能力间关系:

$$J_D = \frac{1}{-0.63 - 0.5 \ln N_{prope} + 0.5 \ln C_{fD} + F} \tag{5 - 14}$$

其中

$$F = \frac{1.65 - 0.328u + 0.116u^2}{1 + 0.18u + 0.064u^2 + 0.005u^3}; \ u = \ln C_{fD} \tag{5 - 15}$$

针对单条裂缝控制的矩形泄气面积,可用 Dietz 形状因子修正无因次支撑剂指数,得到等效无因次支撑剂指数 N_{prope}:

$$N_{\text{prope}} = N_{\text{prop}}\frac{C_A}{30.88} \tag{5-16}$$

不同纵横比(y_e/x_e)下 Dietz 形状因子(C_A)值如表 5-1、图 5-6 所示。

表 5-1 不同纵横比值下 Dietz 形状因子值

y_e/x_e	C_A	y_e/x_e	C_A
0.1	0.025	0.6	25.8
0.2	2.36	0.7	28.36
0.25	5.38	0.8	29.89
0.3	9	0.9	30.66
0.4	16.17	1	30.88
0.5	21.84		

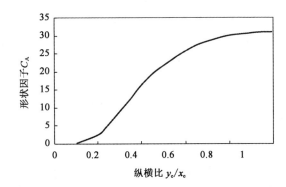

图 5-6 形状因子与纵横比关系曲线图

在一定修正无因次支撑剂指数下,无因次产能指数为无因次裂缝导流能力函数,假设 y 函数:

$$y = 0.5\ln C_{fD} + F \tag{5-17}$$

y 函数随无因次裂缝导流能力变化曲线如图 5-7 所示,在 $C_{fD}=1.6$ 时,y 函数最小,在该无因次裂缝导流能力 C_{fD} 下,可以获得最大无因次产能指数。

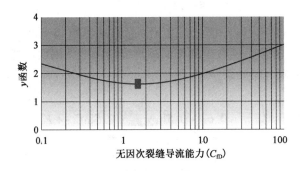

图 5-7 y 函数随无因次裂缝导流能力变化曲线图

2. 高无因次支撑剂指数($N_{\text{prop}} > 0.1$)

在高无因次支撑剂指数下,地层流体由拟径向流向拟线性流转换,Cinco-Ley 和 Samaniego

的 F 函数不再适用最大无因次产能指数计算。Daal 和 Economides[7] 提出了一种新函数——F 函数,并用直线边界元方法得到无因次产能指数与无因此支撑剂指数和无因次裂缝导流能力间函数关系。由于裂缝与气藏的对称性,取裂缝及控制体的四分之一为研究对象,将四分之一裂缝等分为 n_w 个单元,如图 5-8 所示。

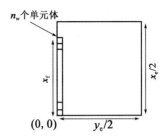

图 5-8　四分之一裂缝控制体示意图

由于 n_w 个点源影响,裂缝中某一段点源 i 的拟稳态压降表示为

$$\Delta p_{o,i} = \overline{p}^2 - p_{o,i}^2 = \frac{\alpha\mu ZT}{Kh}\sum_{j=1}^{n_w} q_j a[x_{oD,i}, y_{oD,i}, x_{wD,j}, y_{wD,j}, y_{eD}] = \frac{\alpha_1\mu ZT}{Kh}\sum_{j=1}^{n_w} q_j a[o_i, w_j] \quad (5-18)$$

因此,通过相减可获得裂缝两不同点的压降公式,如裂缝中的第 1 和第 2 两点的压力降公式,可得

$$\Delta p_{R,1\to2}^2 = \frac{\alpha\mu ZT}{Kh}\sum_{j=1}^{n_w}[q_1(a[o_1,w_1] - a[o_2,w_1]) + \cdots + q_{n_w}(a[o_1,w_{n_w}] - a[o_2,w_{n_w}])]$$

$$(5-19)$$

裂缝内流动微分方程为

$$q = -\frac{K_f A_f}{\mu}\frac{\partial p}{\partial x} \quad (5-20)$$

因此,裂缝内第 1 和第 2 两点间的压力降公式为

$$\Delta p_{f,1\to2}^2 = \frac{2\alpha\mu ZT}{K_f h w_f}[q_2(x_{o_2} - x_{o_1}) + \cdots + q_{n_w}(x_{o_2} - x_{o_1})] \quad (5-21)$$

式(5-19)和式(5-21)都表示裂缝内第 1 和第 2 两点间的压力降,因此式(5-19)和式(5-21)相减得

$$q_1(a[o_1,w_1] - a[o_2,w_1]) + \cdots + q_{n_w}(a[o_1,w_{n_w}] - a[o_2,w_{n_w}])$$

$$-\frac{2K}{K_f w_f}[q_2(x_{o_2} - x_{o_1}) + \cdots + q_{n_w}(x_{o_2} - x_{o_1})] = 0 \quad (5-22)$$

用以下无因次参数表示:

$$q_{Di} = \frac{q_i \overline{B\mu T}}{2\pi Kh(\overline{p}^2 - p_{wf}^2)} \quad (5-23)$$

$$x_{Doi} = \frac{x_{o_i}}{x_e/2} \quad (5-24)$$

$$I_x = \frac{x_f}{x_e/2} \quad (5-25)$$

可得无因次产能指数表达式:

$$q_{D1}(a[o_1,w_1] - a[o_2,w_1]) + \cdots + q_{Dn_w}(a[o_1,w_{n_w}] - a[o_2,w_{n_w}])$$

$$-\frac{4\pi K}{C_{fD}I_x}[q_{D2}(x_{Do_2} - x_{Do_1}) + \cdots + q_{Dn_w}(x_{Do_2} - x_{Do_1})] = 0 \quad (5-26)$$

同样,可得到其他 n_w-2 个点与第 1 个点间的压降表达式,得到 n_w-1 个表达式,最后一个表

达式可以通过第 1 个点到水平井筒间压降表达式求得,即可得到 n_w 个线性方程组求解 n_w 个未知数(q_{D1},q_{D2},$\cdots$,q_{Dn_w})。

$$\begin{bmatrix} a_{11} & a_{12} & \cdots & a_{11} \\ a_{21} & a_{22} & \cdots & a_{11} \\ \vdots & \vdots & \vdots & \vdots \\ a_{n_w1} & a_{n_w2} & \cdots & a_{11} \end{bmatrix} \cdot \begin{bmatrix} q_{D1} \\ q_{D2} \\ \vdots \\ q_{Dn_w} \end{bmatrix} = \begin{bmatrix} 1 \\ 0 \\ \vdots \\ 0 \end{bmatrix} \tag{5-27}$$

其中

$$a_{1j}/(j=1,\cdots,n_w) = a[o_1,w_j]$$
$$a_{i1}/(i=2,\cdots,n_w) = a[o_1,w_1] - a[o_i,w_1]$$
$$a_{ij}/(i,j=1,\cdots,n_w) = a[o_1,w_j] - a[o_i,w_j] - \frac{4\pi}{C_{fD}I_x}\{x_{Do[\min(i,j)]} - x_{Do_1}\} \tag{5-28}$$

式中,$a[o_i,w_j]$ 称为原点 i 对观察点 j 的影响函数,Ozkan[8] 提出以下解法:

$$a[o_i,w_j] = a[x_D,y_D,x_{wD},y_{wD},y_{eD}] =$$
$$a^1[\max(x_D,x_{wD}),\max(y_D,y_{wD}),\min(x_D,x_{wD}),\min(y_D,y_{wD}),y_{eD}] \tag{5-29}$$

$$a^1[x_D,y_D,x_{wD},y_{wD},y_{eD}] = \begin{cases} a^0[x_D,y_D,x_{wD},y_{wD},y_{eD}], y_{eD}<1 \\ a^0[x_D,y_D,x_{wD},y_{wD},\dfrac{1}{y_{eD}}] \end{cases} \tag{5-30}$$

$$a^0[x_D,y_D,x_{wD},y_{wD},y_{eD}] = 2\pi y_{eD}\left(\frac{1}{3} - \frac{y_D}{y_{eD}} + \frac{y_D^2 + y_{wD}^2}{2y_{eD}^2}\right) + S_T \tag{5-31}$$

其中

$$S_T = 2\sum_{m=1}^{\infty}\frac{t_m}{m}\cos(m\pi x_D)\cos(m\pi x_{wD}) \tag{5-32}$$

$$t_m = \frac{\cosh[m\pi(y_{eD} - |y_D - y_{wD}|)] + \cosh[m\pi(y_{eD} - |y_D + y_{wD}|)]}{\sinh(m\pi y_{eD})} \tag{5-33}$$

Valko[9] 将无限级数 S_T 用下式有限化:

$$S_T = S_1 + S_2 + S_3 \tag{5-34}$$

$$S_1 = 2\sum_{m=1}^{N}\frac{t_m}{m}\cos(m\pi x_D)\cos(m\pi x_{wD}) \tag{5-35}$$

$$S_2 = -\frac{t_N}{2}\ln\{[1-\cos(\pi(x_D+x_{wD}))]^2 + [\sin(\pi(x_D+x_{wD}))]^2\}$$
$$-\frac{t_N}{2}\ln\{[1-\cos(\pi(x_D-x_{wD}))]^2 + [\sin(\pi(x_D-x_{wD}))]^2\} \tag{5-36}$$

$$S_3 = -2t_N\sum_{m=1}^{N}\frac{1}{m}\cos(m\pi x_D)\cos(m\pi x_{wD}) \tag{5-37}$$

裂缝穿透比 I_x,可用下式表示:

$$I_x = \sqrt{N_{prop}y_{eD}/C_{fD}} \tag{5-38}$$

在给定单条裂缝控制区储层性质条件下,纵横比 y_{eD} 和储层渗透率 K 为定值,给定支撑剂用量及其类型下,裂缝支撑体积 V_p 及初始支撑裂缝渗透率 K_{f1} 为定值,通过支撑剂指数定义式可得到支撑剂指数值。

$$V_p = \frac{M_p(h/h_f)}{\rho_p(1-\phi_p)} \tag{5-39}$$

用支撑剂用量表示支撑体积:

$$N_{prop} = \frac{2K_f V_p}{Khx_e y_e} = \frac{2K_f M_p}{Khx_e y_e \rho_p(1-\phi_p)} \tag{5-40}$$

式中　　M_p——支撑剂质量,kg;

　　　　ρ_p——支撑剂真实密度,kg/m^3;

　　　　ϕ_p——支撑剂铺置孔隙度,%。

根据直接边界元方法得到某一支撑剂指数下,无因次裂缝导流能力与无因次产能指数间函数关系。

3. 裂缝渗透率修正

对于裂缝压实作用影响,在此通过室内裂缝导流能力测试实验,得到初始裂缝导流能力,及随着有效闭合压力增大,裂缝导流能力的损害率。取中间有效闭合压力对应的导流能力损害率为计算值,修正由于裂缝压实作用导致的裂缝导流能力损害。对于压裂液胶质体的伤害,也是通过室内岩心伤害实验,得到不同压裂液体系下,裂缝导流能力的伤害系数,来修正裂缝导流能力。而对于裂缝中非达西流的影响,在此通过迭代方法修正。针对以上 3 个影响因素的修正,其迭代步骤如下:

(1)计算修正后的裂缝有效渗透率 K_{f2}。达西定律描述的是多孔介质中的层流流动,压力梯度与流速成正比:

$$\frac{\Delta p}{\Delta L} = \frac{\mu_g v}{K_f} \tag{5-41}$$

式中　　$\Delta p/\Delta L$——压力梯度,MPa/m;

　　　　μ_g——气体黏度,mPa·s;

　　　　v——气体流速,m/s。

当流体黏度增加,流体中的微粒常见加速或减速导致附加压力降。Forchheimer 方程描述了这种紊流影响:

$$\frac{\Delta p}{\Delta L} = \frac{\mu_g v}{K_f} + av^2 \tag{5-42}$$

Cornell 和 Kartz 重新定义了常数 α,由 β 因子(也可称为非达西流系数、紊流系数和紊流因子)和流体密度组成:

$$\frac{\Delta p}{\Delta L} = \frac{\mu_g v}{K_f} + \beta \rho_g v^2 \tag{5-43}$$

变化式(5-42)、式(5-43),可以得到描述非达西流效应的 K_{f2} 表达式。Geertsma 首次定义其中的 N_{Re} 参数为雷诺数:

$$K_{f2} = \frac{K_{f1}}{1+Re_1} \tag{5-44}$$

$$Re = \frac{\beta K_f \rho_g v}{\mu_g} \qquad (5-45)$$

考虑压实作用即胶质体伤害时,裂缝有效渗透率为

$$K_{f2} = \frac{K_{f1}}{1 + Re_1}(1 - \eta) \qquad (5-46)$$

式中　K_{f1}——根据支撑剂类型及用量确定支撑裂缝初始渗透率,mD;

　　　　Re_1——裂缝中气体流动的初始雷诺数;

　　　　η——室内实验确定压实作用及胶质体对裂缝渗透率的伤害程度。

(2)计算有效支撑剂指数 N_{p1}。在知道裂缝有效渗透率后,根据支撑剂指数的定义式得到有效支撑剂指数。

$$N_{p1} = \frac{2K_{f2}v_p}{Khx_ey_e} = \frac{2K_{f2}M_p}{Khx_ey_e\rho_p(1 - \phi_p)} \qquad (5-47)$$

(3)通过边界元方法,计算初始支撑剂 N_{p1} 下,不同无因次裂缝导流能力所对应的第 i 点源的无因次产能指数 J_{Di}。由于裂缝及控制体的对称性,单条裂缝无因次产能指数为所有裂缝段单元产能指数之和的 4 倍。

$$J_{Di} = 4N\sum_{j=1}^{n_w}q_{Dj} \qquad (5-48)$$

式中　J_{Di}——第 i 点源的无因次产能指数,无因次;

　　　　N——半裂缝段数,无因次;

　　　　n_w——半裂缝均分段数;

　　　　j——裂缝段编号,无因次;

　　　　q_{Dj}——第 j 点源无因次产能指数,无因次。

(4)得到某一支撑剂指数下某一裂缝导流能力对应的裂缝无因次产能指数后,通过式(5-49)、式(5-50)分别得到设计的裂缝长度和裂缝宽度。

$$x_f = \sqrt{\frac{K_{f2}v_p}{2C_{fD}Kh}} \qquad (5-49)$$

$$w_f = \sqrt{\frac{C_{fD}Kv_p}{2K_{f2}h}} \qquad (5-50)$$

(5)根据无因次产能指数,采用气井产能公式计算气井产量,并将产量换算到地层条件下裂缝中的流量 q_g,利用设计的缝宽计算出天然气流速 v。

$$q_g = \frac{(p_{ave}^2 - p_{wf}^2)Kh}{1.291 \times 10^{-3}\mu_gZT}J_D \qquad (5-51)$$

$$v = \frac{q_g}{2A_f(24 \times 3600)} = \frac{q_g}{172800hw_f} \qquad (5-52)$$

天然气密度 ρ_g 可用式(5-53)求得

$$\rho_g = 1.22 \frac{\gamma_g}{B_g} \tag{5-53}$$

其中
$$B_g = 3.458 \times 10^{-4} \frac{ZT}{p_{wf}} \tag{5-54}$$

式中　q_g——天然气产量，m^3/d；

　　　p_{ave}——气藏平均地层压力，MPa；

　　　p_{wf}——井底压力，MPa；

　　　h——储层厚度，m；

　　　Z——气体偏差因子；

　　　T——储层温度，K；

　　　γ_g——气体相对密度；

　　　B_g——气体体积系数。

（6）β 因子是多孔介质特征参数，采用 Cooke 公式计算：

$$\beta = 1 \times 10^8 \frac{n}{K_{f2}^m} \tag{5-55}$$

式中　β——非达西流动系数，m^{-1}；

　　　Re——雷诺数；

　　　m、n——常数，表 5-2 给出了不同支撑剂粒径下 m、n 的取值。

表 5-2　不同支撑剂粒径下 m、n 的取值

支撑剂粒径（目）	m	n	支撑剂粒径（目）	m	n
8/12	1.24	17423	20/40	1.54	110470
12/20	1.34	27539	40/60	1.60	69405

Martins 同样用实验方法得到非达西流动系数，其实验选用不同种类（中强度石英砂和陶粒）和不同尺寸（16/20 目、20/40 目）的支撑剂。实验证明在高闭合压力条件下，支撑剂种类和大小对实验结果影响甚微，得到以下一般通用公式：

$$\beta = \frac{0.21}{K_f^{1.036}} \tag{5-56}$$

Penny 和 Jin 以图版的方法对比 20/40 目不同类型支撑剂的 β 因子和渗透率，最终结果与 Cooke 方程一致，这里 a 和 b 值取决于支撑类型（表 5-3）。

表 5-3　Penny 和 Jin 公式 a 和 b 的取值

支撑剂	a	b
Jordan 砂	0.75	1.45
Precured resin-coated 砂	1	1.35
Light weight ceramic 砂	0.7	1.25
Bauxite 砂	0.1	0.98

Pursell 等人对 3 种类型的支撑剂，在不同闭合应力、孔隙压力和流速下注入氮气。经过计算得到渗透率和 β 因子只与目数和支撑剂渗透率有关，与支撑剂类型无关。对于 12/20 目和

20/40 目来说,计算公式与 Cooke 公式相同。校正结果见表 5 - 4。

表 5 - 4　Pursell 公式 a 和 b 的取值

支撑剂尺寸(目)	a	b
12/20	1.144	0.635
20/40	1.123	0.326

(7)得到气体流速和非达西流动系数后,根据雷诺数的定义式,得到新的雷诺数。对比假设雷诺数 Re_1 和新的雷诺数 Re_2,如果两者的差在规定的很小范围内($|Re_1 - Re_2| \leqslant \xi$),则得到设计裂缝尺寸为所求裂缝尺寸;如果不在规定范围内,则将式(5 - 26)中雷诺数取新值 Re_2,按照步骤(1)重新求解,直到雷诺数在规定范围内。

二、压裂水平井裂缝参数优化软件

应用编程工具编制了标准图版读取、裂缝参数评价、裂缝参数设计和数据计算 4 个程序模块,各模块间的相互关系如图 5 - 9 所示。

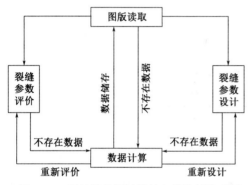

图 5 - 9　裂缝优化设计软件各模块间关系图

通过数据读取得到标准图版,再分别进入裂缝参数评价和裂缝参数设计模块,进行对应评价和设计;在图版读取、裂缝参数评价和裂缝参数设计中,若数据库中不存在对应图版数据,则进入数据计算界面,进行数据重新计算,计算过后进行对应评价和设计,并储存新数据图版。

1. 软件主要模块

1)标准图版读取模块

针对不同纵横比 y_{eD} 和支撑剂指数 N_p,该模块获取对应的图版。模块界面主要包括参数输入和图版输出两个部分,其中参数输入包括纵横比、支撑剂指数,输出图版是纵坐标为产能指数、横坐标为裂缝相对导流能力的图版,如图 5 - 10 至图 5 - 13 所示。

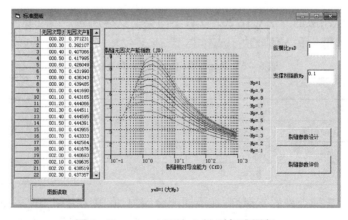

图 5 - 10　$y_{eD} = 1(N_p \geqslant 0.1)$ 时标准图版

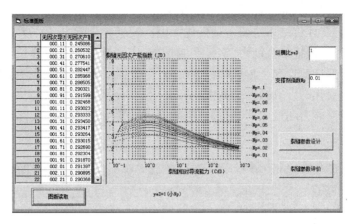

图 5 – 11　$y_{eD} = 1 (N_p < 0.1)$ 时标准图版

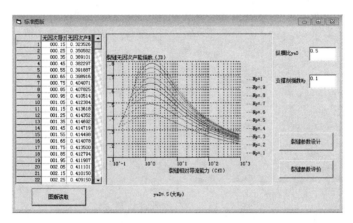

图 5 – 12　$y_{eD} = 0.5 (N_p \geqslant 0.1)$ 时标准图版

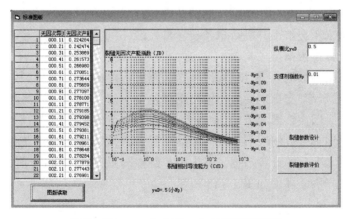

图 5 – 13　$y_{eD} = 0.5 (N_p < 0.1)$ 时标准图版

2）裂缝参数评价模块

裂缝参数评价模块主要运用于对前期压裂井裂缝参数进行评价，特别是裂缝长度和裂缝宽度组合与地层的匹配性评价。主要包括参数输入、评价结果输出、图版输出 3 个部分。参数输入包括裂缝控制区几何参数、储层渗透率、压裂井裂缝几何尺寸。输出结果包括裂缝控制区纵横比和支撑剂指数,评价结果主要包括最优无因次裂缝导流能力、最大产能指数、最优缝宽、最优缝长、实际无因次裂缝导流能力、实际产能指数、实际缝宽和实际缝长。图版输出为在该纵横比的不同支撑剂指数情况下形成的标准图版,而数据框为该支撑剂指数下,产能指数随无因次裂缝导流能力变化的计算数据。其中,两红色亮点分别为最优点、实际点,其对应值分别为最优裂缝相对导流能力和最大产能指数、实际裂缝相对导流能力和实际产能指数。界面如图 5 – 14 所示。

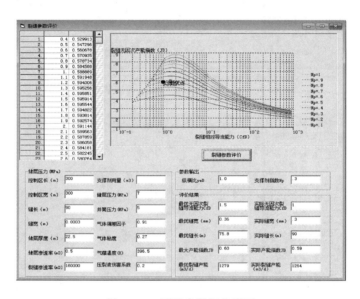

图 5 – 14　裂缝参数评价界面

3) 裂缝参数设计模块

裂缝参数设计模块主要应用于给定储层条件、支撑剂条件及地层流体条件情况下,对安岳须二段低渗透气藏未压裂水平井进行单条裂缝参数设计,主要为裂缝长度和裂缝宽度设计,为后续施工参数设计提供依据。

该模块主要包括参数输入、输出和设计结果、图版输出 3 个部分。参数输入包括裂缝控制区几何参数、储层渗透率、支撑剂参数。输出结果包括裂缝控制区纵横比和支撑剂指数,设计结果主要包括最优无因次裂缝导流能力、最大产能指数、最优缝宽和最优缝长。图版输出为在该纵横比下不同支撑剂指数情况下形成的标准图版,而数据框为该支撑剂指数下,产能指数随无因次裂缝导流能力变化的计算数据。其中黑色圆点为最优点,其对应值为最优裂缝相对导流能力和最大产能指数。界面如图 5 – 15 所示。

4) 数据计算模块

当某纵横比和支撑剂指数下,计算机内无存储数据及对应图版时,需现场计算该纵横比和支撑剂指数下,产能指数随裂缝相对导流能力变化的系列数据,此时用到数据计算模块。该模块又分为参数评价数据计算模块和参数设计数据计算模块,其中包括参数输入和输出。

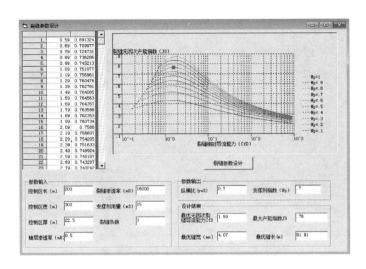

图 5 – 15　裂缝参数设计界面

参数输入部分分别为储层参数输入(包括控制区几何参数,储层渗透率、温度、压力)、流体参数输入(包括气体黏度、偏差因子及相对密度)及其他一些参数输入(裂缝条数、井筒半径、压裂液伤害系数及井底流压),此外针对裂缝参数设计,还需输入支撑剂参数(支撑剂类型、用量),针对裂缝参数评价,还需输入模拟的裂缝参数(缝长、缝宽和缝高)。

裂缝参数设计数据计算输出主要包括纵横比、支撑剂指数、最优无因次裂缝导流能力、最大产能指数、最优缝宽、最优缝长。参数评价数据计算输出主要包括纵横比、支撑剂指数、最优无因次裂缝导流能力、最大产能指数、最优缝宽、最优缝长、最优裂缝产能、实际无因次裂缝导流能力、实际产能指数、实际缝宽、实际缝长、实际裂缝产能,参数设计数据计算界面和参数评价数据计算界面如图 5 – 16、图 5 – 17 所示。

图版数据输出部分主要包括该纵横比情况下的标准图版和该支撑剂指数下无因次产能指数随裂缝导流能力变化的系列数据。

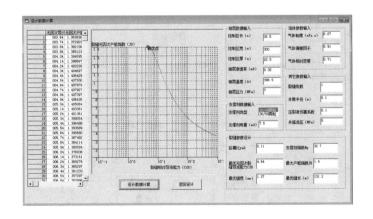

图 5 – 16　参数设计数据计算界面

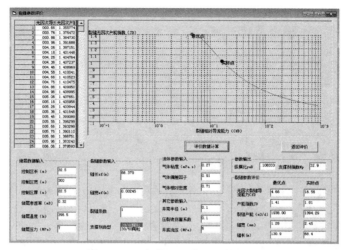

图 5 - 17　参数评价数据计算界面

2. 软件使用流程

1）业务流程图

软件使用业务流程图见图 5 - 18。

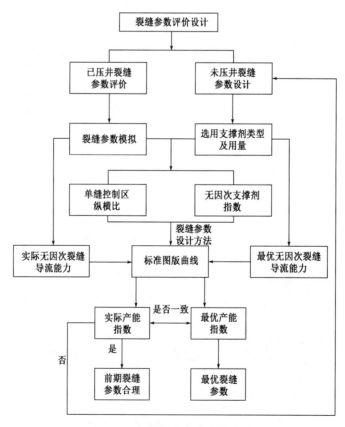

图 5 - 18　软件使用业务流程图

（1）该软件主要运用于前期压裂井裂缝参数评价和后期未压裂井裂缝参数设计。

（2）标准图版选择条件为控制区纵横比和支撑剂指数，在给定裂缝控制区，纵横比为定值。

（3）针对裂缝参数评价，通过裂缝参数模拟得到裂缝参数，进一步得到支撑剂指数。针对裂缝参数设计，通过支撑剂参数得到支撑剂指数。

（4）两条件计算出后，得到标准图版曲线。

（5）针对裂缝参数评价，标准图版中描出实际点和最优点，对比两点产能指数，若产能指数接近，则前期裂缝参数合理，若相差较大，则回到裂缝参数设计中，重新设计。

（6）针对裂缝参数设计，在标准图版中描出最优点，进一步得到最优裂缝参数。

2）使用流程

软件使用流程如图5-19所示。

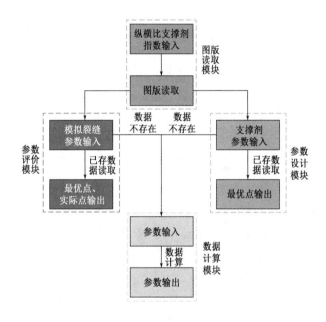

图5-19　软件使用流程图

（1）在图版读取模块中，输入选择条件纵横比和支撑剂指数。若数据库中存在该选择条件下图版，得到相应的图版（图5-20）；若数据库中不存在该选择条件下图版，则给出提示进入数据计算模块，计算该条件下标准图版（图5-21）。

（2）在读取图版后，点击裂缝参数评价按钮，进入裂缝参数评价界面，输入评价参数后，点击裂缝参数评价按钮，得到裂缝评价参数，如图5-22所示。

在评价结果中，得到实际点和最优点，比较两点无因次裂缝导流能力。若两者接近，则说明前期压裂井裂缝参数设计合理；若实际裂缝导流能力大于最优裂缝导流能力，则说明实际缝宽过大；若实际裂缝导流能力小于最优裂缝导流能力，则说明实际缝宽过小。

（3）在读取图版后，点击裂缝参数设计按钮，进入裂缝参数设计界面，输入设计参数后，点击裂缝参数设计按钮，得到裂缝设计参数，如图5-23所示。

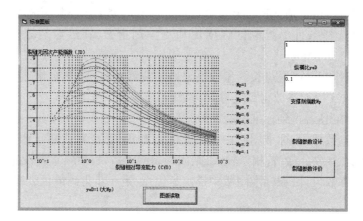

图 5 – 20　图版读取界面

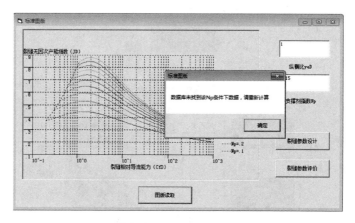

图 5 – 21　数据库不存在该条件下图版时界面

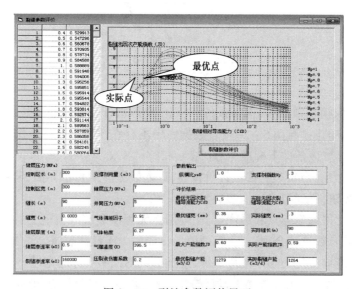

图 5 – 22　裂缝参数评价界面

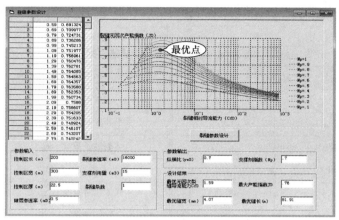

图 5 - 23　裂缝参数设计界面

（4）在图版读取、裂缝参数评价及裂缝参数设计中,若数据库不存在对应选择条件下标准图版数据,则进入数据计算界面,重新计算图版数据,进而评价和设计裂缝参数,如图 5 - 24、图 5 - 25所示。

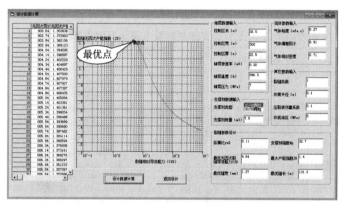

图 5 - 24　数据计算界面(裂缝参数设计)

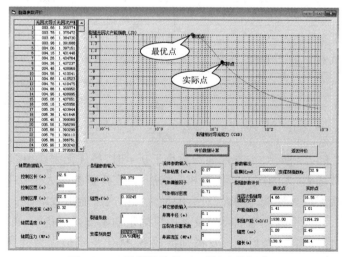

图 5 - 25　数据计算界面(裂缝参数评价)

在得到压裂设计模型之后,用 VB 编写相应的计算程序,计算所用基础参数为岳 101 – H1 井参数,见表 5 – 5。

表 5 – 5　岳 101 – H1 井基础数据

产层厚度 h(m)	14.3	支撑裂缝初始渗透率 K_{fl}(mD)	160000
孔隙度 ϕ(%)	8.7	支撑剂粒径	30/50 目陶粒
含水饱和度 S_w(%)	40	水平井段长度 L_x(m)	818
地层压力 p_e(MPa)	32.27	裂缝条数 n_f	10
井筒压力 p_{wf}(MPa)	5.4	气井产能 Q(m³/d)	30000
地层温度 T_g(K)	351.15	气体相对密度 γ_g	0.665
压裂液伤害系数 η(%)	20	气体黏度 μ_g	0.27
储层渗透率 K(mD)	0.476	气体偏差因子 Z	0.91
裂缝段数 n_f	10	初始雷诺数 Re_1	10

在给定气藏参数、单条裂缝支撑剂类型及其用量下,即可得到在某一支撑剂指数下,不同无因次裂缝导流能力对应的单条裂缝无因次产能指数及设计的裂缝几何尺寸,结果见表 5 – 6。

表 5 – 6　不同无因次支撑剂指数下裂缝无因次产能指数表

$N_{prop}=0.001$				$N_{prop}=0.1$				$N_{prop}=1$				$N_{prop}=10$			
C_{fD}	J_D	x_f(m)	w_f(mm)	C_{fD}	J_D	x_f(m)	w_f(mm)	C_{fD}	J_D	x_f(m)	w_f(mm)	C_{fD}	J_D	x_f(m)	w_f(mm)
0.1	0.19	10	0.01	0.1	0.34	100	0.09	1	0.83	100	0.93	10	1.61	100	9.26
1	0.22	3.16	0.03	1	0.44	31.62	0.29	10	0.68	31.62	2.93	19	1.47	72.55	12.76
5	0.21	1.41	0.07	5	0.41	14.14	0.65	50	0.46	14.14	6.55	59	0.95	41.17	22.49
10	0.20	1.00	0.09	10	0.37	10.00	0.93	100	0.40	10.00	9.26	109	0.76	30.29	30.57
30	0.18	0.58	0.16	30	0.31	5.77	1.60	120	0.39	9.13	10.14	129	0.72	27.84	33.26
50	0.17	0.45	0.21	50	0.29	4.47	2.07	140	0.38	8.45	10.96	149	0.69	25.91	35.74
100	0.16	0.32	0.29	100	0.27	3.16	2.93	190	0.36	7.25	12.76	199	0.63	22.42	41.31
200	0.16	0.22	0.41	200	0.24	2.24	4.14	290	0.33	5.87	15.77	299	0.56	18.29	50.63
300	0.15	0.18	0.51	300	0.23	1.83	5.07	390	0.32	5.06	18.29	399	0.52	15.83	58.49
400	0.15	0.16	0.59	400	0.22	1.58	5.86	490	0.31	4.52	20.5	499	0.49	14.16	65.41
500	0.15	0.14	0.65	500	0.22	1.41	6.55	590	0.30	4.12	22.49	599	0.47	12.92	71.66

如图 5 – 26、图 5 – 27 所示,在支撑剂指数小于 0.1 时,最优无因次裂缝导流能力为 1.6 左右,随着支撑剂指数增大,无因次产能指数相应增加;在支撑剂指数大于 0.1 时,随着支撑剂指数增加,最优无因次裂缝导流能力增大,对应的最优无因次产能指数增加。

在标准图版中,首先根据支撑剂类型及其用量确定初始支撑剂指数,再通过渗透率修正迭代法得到修正后支撑剂指数,最后在该支撑剂指数下,优化得到最优裂缝导流能力,及根据最优缝长表达式(5 –49)和缝宽表达式(5 –50)确定最优缝长和缝宽的组合。

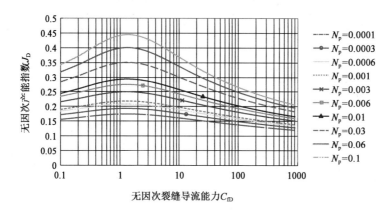

图 5 – 26　设计图版($N_{\text{prop}} < 0.1$)

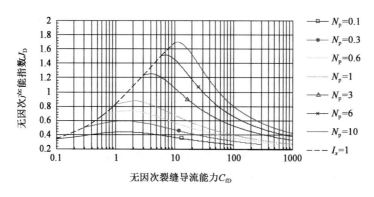

图 5 – 27　标准图版($N_{\text{prop}} > 0.1$)

第四节　压裂水平井裂缝参数优化设计及评价应用

一、压裂水平井裂缝参数优化模型验证

通过压裂设计模型可得到不同裂缝导流能力下的裂缝无因次产能指数设计值,因此可通过对比压裂井裂缝无因次产能指数实际值和压裂设计无因次产能指数设计值的相对大小来验证模型的准确性。其具体过程为:首先统计压裂井地层参数、裂缝参数、流体参数,及实际生产数据,后通过压裂设计特征参数计算公式得到无因次特征参数,利用压裂设计模型得到无因次产能指数设计值,最后比较实际生产数据和设计值进行模型验证。

1. 压裂井裂缝参数

岳 101 – H1 井改造层位于须家河组上部,水平井段分 10 段压裂,各段压裂后通过 Meyer 拟合得到裂缝参数见表 5 – 7。

表 5 - 7　岳 101 - H1 井压裂层段裂缝参数

层段	施工井段 （m）	支撑缝长 （m）	支撑缝高 （m）	平均缝宽 （cm）	支撑裂缝导流能力 （mD·m）	支撑剂用量 （m³）
1	3264 ~ 3160	165	66.8	0.27	441	43.5
2	3160 ~ 3072	132	55.2	0.23	405	25.9
3	3072 ~ 3030	135	63.1	0.25	411	26.7
4	3030 ~ 2945	135	54.5	0.23	409	21.3
5	2945 ~ 2870	153	66.1	0.26	425	35.3
6	2870 ~ 2790	136	54.1	0.23	412	20.9
7	2790 ~ 2690	137	61.1	0.24	414	25.2
8	2690 ~ 2605	146	59.1	0.25	421	24.4
9	2605 ~ 2531	122	57.4	0.22	401	20.2
10	2531 ~ 2446	148	67.2	0.25	412	27.9

2. 模型验证

根据表 5 - 7 岳 101 - H1 井基础参数, 利用该裂缝参数设计方法得到的每段裂缝无因次产能指数见表 5 - 8。

表 5 - 8　每段裂缝无因次产能指数

层段	施工井段 （m）	地层渗透率 K_e （mD）	无因次裂缝导流能力 C_{fD}	支撑剂指数 N_p	无因次产能指数 J_D	产量 （m³/d）
1	3264 ~ 3160	0.18	5.61	2.9	1.24	2850.2
2	3160 ~ 3072	0.10	6.44	2.6	1.15	2643.4
3	3072 ~ 3030	0.47	6.39	5.5	1.36	3126.1
4	3030 ~ 2945	0.48	6.36	2.7	1.18	2712.3
5	2945 ~ 2870	0.86	5.83	3.6	1.26	2896.2
6	2870 ~ 2790	0.45	6.36	2.9	1.16	2666.3
7	2790 ~ 2690	0.84	6.35	2.4	0.97	2229.6
8	2690 ~ 2605	0.25	6.06	3.0	1.20	2758.3
9	2605 ~ 2531	0.36	6.9	2.8	1.18	2712.3
10	2531 ~ 2446	0.21	5.85	3.0	1.22	2804.3

根据表 5 - 8 的计算结果, 在拟稳态时, 该设计方法计算值为 27399m³, 实际的产气量为 30000m³, 误差为 8.67%, 表明该模型具有较好的可靠性, 能运用于安岳须二段储层压裂水平井裂缝参数设计。

二、压裂水平井裂缝参数优化设计

根据压裂设计模型,得到优化的裂缝长度和裂缝宽度式(5-49)、式(5-50),现分析储层渗透率、支撑剂用量及非达西流对最优裂缝参数设计影响。

1. 储层渗透率

储层渗透率主要影响地层对裂缝的供液能力。一般储层渗透率越大,表示地层供液能力越强;储层渗透率越小,地层供液能力越低。根据本压裂设计模型,得到不同储层渗透率下最优裂缝长度和最优裂缝宽度关系如图5-28所示。

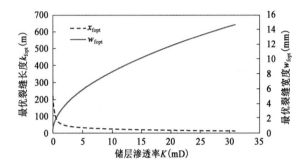

图5-28 不同储层渗透率下最优裂缝长度和最优裂缝宽度关系曲线图

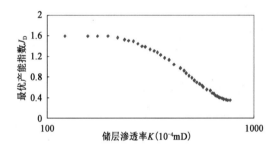

图5-29 不同地层渗透率下最优产能指数关系曲线图

由图5-29可知:储层渗透率越高,所需的裂缝长度越小,而最优裂缝宽度越大。但当储层渗透率达到5mD后,储层渗透率对最优裂缝长度几乎无影响,最优裂缝宽度的增长率也是随储层渗透率增加而减小。由此可以说明,低渗透储层需要压开长而窄的人工裂缝,但裂缝长度增加到一定值后(裂缝穿透比为1),对产能增加无明显作用;而中高渗透储层需要压开短而宽的人工裂缝。由图5-29可知,在较低储层渗透率下,产能指数J_D几乎不变,随着储层渗透率增加,最优产能指数降低。

2. 支撑剂用量

在给定支撑剂类型后,根据室内实验得到支撑裂缝初始渗透率,因此在特定储层条件下,支撑剂用量只能影响支撑剂指数大小,支撑剂用量越高,支撑剂指数越大,两者呈正相关关系。在压裂设计模型中,最优裂缝导流能力和最优裂缝产能指数、最优裂缝长度和最优裂缝宽度随支撑剂指数变化如图5-30、图5-31所示。

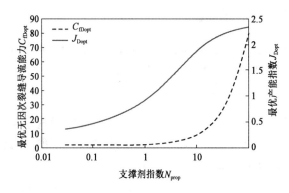

图 5 – 30　最优裂缝导流能力和最优裂缝产能指数随支撑剂指数变化曲线图

由图 5 – 30 可知:随着支撑剂用量的增加,在较小支撑剂用量条件下,最优裂缝无因次导流能力几乎不变,而最优裂缝产能指数缓慢增加,而在较大支撑剂用量条件下,最优裂缝导流能力急剧增加,最优裂缝产能指数先增加较快后增加较慢。因此在从产能角度来讲,针对单条裂缝,不是支撑剂用量越大越好,而是存在最优的支撑剂用量。

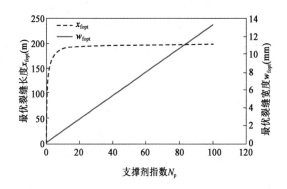

图 5 – 31　最优裂缝长度和最优裂缝宽度随支撑剂指数变化曲线图

由图 5 – 31 可知:随着支撑剂用量增加,最优裂缝长度呈现先急剧增加后稳定不变,而最优裂缝宽度几乎呈现线性增加的趋势。表明在低渗储层中,支撑剂首先优先用于增加缝长,在缝长达到一定值后,支撑剂用于增加缝宽。

3. 非达西效应

非达西流的影响因素较多,有支撑剂类型影响非达西流动系数,进而影响非达西流;有裂缝几何尺寸影响气体在裂缝中的流速,裂缝宽度越小,单位产量下,裂缝中气体流速大,气体流动惯性力越强;也有气体本身性质影响流体的流动阻力,气体黏度越大,流动黏滞力越强,而这些影响因素都可以用雷诺数来综合表示,雷诺数越大,表明气体流动惯性力越强,非达西流对裂缝参数优化影响越大。

由图 5 – 32 可知,随着雷诺数的增大,非达西流动效应加重,最优裂缝长度逐渐减小,而最优裂缝宽度逐渐增大。由此表明,降低裂缝内非达西流动影响需要设计低穿透比和高导流能力裂缝。

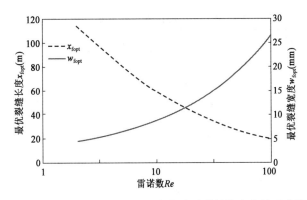

图 5 - 32　最优裂缝长度和裂缝宽度随雷诺数的变化关系曲线图

4. 储层几何形状

储层几何形状主要是指单条裂缝控制区的纵横比 y_{eD}，纵横比大小主要控制着拟稳态下的流态。对于一定长度的裂缝，在低纵横比条件下，呈现拟线性流，在高纵横比条件下，呈现拟径向流，不同的流态有着不同的最优产能指数。

储层纵横比越小，某一无因次裂缝导流能力下，裂缝产能指数越大，即随着纵横比的减小，流态从拟径向流向拟线性流转换，这进一步证实了前面的流态假设。因此对于水平井多段压裂，在有利经济条件下，尽可能在每段压裂中进行多簇射孔，压开多簇裂缝，减小裂缝间距，进而减小单条裂缝控制区的纵横比。

三、压裂水平井裂缝参数评价

当只知整个水平井拟稳态产能，而不知道单段裂缝产能，因此必须从每段裂缝的无因次裂缝导流能力及其支撑剂指数着手，进而得到单段裂缝无因次产能。对于单段裂缝支撑剂指数，只知整段裂缝的支撑剂用量，而不知每段裂缝中各簇的支撑剂用量，因此必须从压后单簇裂缝的体积模拟，得到其几何尺寸，进而获得支撑剂指数。

1. 岳 101 - 75 - H1 井各段裂缝参数评价

岳 101 - 75 - H1 井压开 8 段，每段 3 ~ 5 簇，利用各段测井孔隙度，通过孔隙度和渗透率的拟合关系得到各段渗透率值，对 8 段各簇裂缝参数进行评价，其压裂施工参数见表 5 - 9、表 5 - 10。

表 5 - 9　岳 101 - 75 - H1 井压裂施工段基础参数

参数	取值	参数	取值
产层厚度 h(m)	22.5	支撑裂缝初始渗透率 K_{fl}(mD)	170000
孔隙度 ϕ(%)	7 ~ 11	支撑剂粒径	20/40 目陶粒
含水饱和度 S_w(%)	28 ~ 48	水平井段长度 L_x(m)	955
地层压力 p_e(MPa)	33.27	裂缝条数 n_f	—
井筒压力 p_{wf}(MPa)	5.4	气井产量 Q(m³/d)	30000
地层温度 T_g(K)	359	气体相对密度 γ_g	0.665
压裂液伤系数 η(%)	10	气体黏度 μ_g	0.27
储层渗透率 K(mD)	0.17 ~ 0.473	气体偏差因子 Z	0.91

表 5 – 10 101 – 75 – H1 井压裂施工段施工参数

层段	施工井段(m)	射孔井段(m)	孔隙度(%)	渗透率(mD)	砂量(m³)
1	3285~3405	3305~3306.5 3315~3316.5 3389~3391	6.7~8.0	0.1795	15
2	3180~3285	3196~3197.5 3259~3261 3275~3276.5	7.0~9.4	0.2683	25
3	3050~3180	3062~3063.5 3133~3135 3150~3151.5	6.0~8.8	0.1819	15
4	2910~3050	2915~2916.5 2929~2931 2970~2971.5	6.0~7.8	0.2039	10
5	2810~2910	2829~2830.5 2860~2862 2880~2881.5	6.1~10.5	0.394	30
6	2675~2810	2703~2704.5 2745~2747 2797~2798.5	8.6~10	0.4828	15
7	2560~2675	2570~2571 2627~2629 2642~2643 2658~2659	7.2~10.5	0.3594	40
8	2450~2560	2467~2468 2481~2482 2499~2500 2522~2523 2552~2553	7.1~11	0.3359	30

利用 Meyer 模拟,得到岳 101 – 75 – H1 井压裂施工段模拟的裂缝参数见表 5 – 11。

表 5 – 11 岳 101 – 75 – H1 井压裂施工段模拟的裂缝参数

层段序号	簇	簇控制区长(m)	缝长(m)	缝宽(mm)	裂缝导流能力(D·cm)
1	1.1	40	94.0	1.45	25.2
	1.2		92.5	1.43	25.1
	1.3		92.7	1.58	27.5

层段序号	簇	簇控制区长 （m）	缝长 （m）	缝宽 （mm）	裂缝导流能力 （D·cm）
2	2.1	35	124.2	1.95	34.1
	2.2		135.6	1.97	34.4
	2.3		130.3	1.90	33.2
3	3.1	43.3	96.8	1.53	26.6
	3.2		100.8	1.65	28.8
	3.3		99.4	1.71	29.3
4	4.1	46.6	82.4	1.35	23.4
	4.2		85.2	1.38	24.1
	4.3		83.0	1.37	23.9
5	5.1	33.3	136.8	2.31	40.2
	5.2		135.7	2.37	41.4
	5.3		137.8	2.28	39.7
6	6.1	45	91.7	1.70	29.6
	6.2		90.0	1.55	26.9
	6.3		94.2	1.41	24.6
7	7.1	28.75	71.6	1.48	25.7
	7.2		78.7	1.69	29.5
	7.3		72.3	1.44	25.1
	7.4		72.1	1.44	25.1
8	8.1	22	84.3	2.04	35.5
	8.2		84.9	2.04	35.5
	8.3		84.1	2.15	37.5
	8.4		87.5	2.15	37.4
	8.5		89.9	2.17	37.8

根据地层参数及模拟的裂缝参数，利用裂缝参数评价模块计算的岳 101 – 75 – H1 井压裂施工段各簇裂缝的产能指数见表 5 – 12。

表 5 – 12　岳 101 – 75 – H1 井压裂施工段各簇裂缝的产能指数计算结果

层	簇	无因次导流 能力 C_{fD}	无因次支撑剂 指数 N_{prop}	纵横比 y_{eD}	无因次产能指数 J_D	裂缝产能 （m³/d）
1	1.1	8	38.7	0.133	1.255	996
	1.2	13.24	37.8	0.133	1.443	883
	1.3	13.047	46.1	0.133	1.622	992
2	2.1	8.937	52.6	0.117	1.682	1538
	2.2	8.267	58	0.117	1.153	1202

层	簇	无因次导流能力 C_{fD}	无因次支撑剂指数 N_{prop}	纵横比 y_{eD}	无因次产能指数 J_D	裂缝产能（m^3/d）
2	2.3	9.808	45.5	0.117	1.542	1110
3	3.1	13.242	38.4	0.144	1.575	976
	3.2	13.721	43.1	0.144	1.66	1029
	3.3	9.478	34.1	0.144	0.91	979
4	4.1	13.262	21	0.155	1.198	833
	4.2	12.13	25.3	0.155	1.375	956
	4.3	12.39	24.4	0.155	1.336	929
5	5.1	7.05	45.5	0.111	1.168	1105
	5.2	6.261	53.7	0.111	1.214	1167
	5.3	7.44	41.8	0.111	1.506	1021
6	6.1	4.855	17.7	0.15	1.455	1394
	6.2	5.365	13.1	0.15	1.231	1025
	6.3	5.58	9.2	0.15	1.029	1693
7	7.1	8.8	20.9	9.58	0.918	1125
	7.2	7.253	32.9	9.58	1.179	1444
	7.3	9.796	17.7	9.58	0.833	1020
	7.4	9.796	17.7	9.58	0.833	1020
8	8.1	10.983	47.5	7.33	0.941	1078
	8.2	10.905	47.8	7.33	0.946	1083
	8.3	11.559	49.9	7.33	0.946	1083
	8.4	11.184	51.6	7.33	0.968	1108
	8.5	10.953	53.9	7.33	0.991	1134

利用压裂优化设计模型,计算得到岳101 – 75 – H1 井各簇裂缝最优裂缝参数及其产能指数见表5 – 13。

表5 – 13　岳101 – 75 – H1 井各簇裂缝最优裂缝参数及其产能指数计算结果

段	簇	最优导流能力 C_{fDopt}	最优缝长 x_{fopt}（m）	最优缝宽 w_{fopt}（mm）	最优无因次产能指数 J_{Dopt}	最优裂缝产能 q_g（m^3/d）
1	1.1	7.6	133.2	1.33	1.584	1046
	1.2	6.24	134.5	0.99	1.749	1069
	1.3	7.447	136.4	1.19	1.85	1132
2	2.1	7.437	136.1	1.78	1.711	1564
	2.2	8.167	136.3	1.96	1.753	1602
	2.3	8.167	121.1	1.73	1.753	1602

段	簇	最优导流能力 C_{fDopt}	最优缝长 x_{fopt}（m）	最优缝宽 w_{fopt}（mm）	最优无因次产能指数 J_{Dopt}	最优裂缝产能 q_g（m³/d）
3	3.1	6.742	135.9	1.09	1.872	1160
	3.2	7.521	136.3	1.22	1.935	1199
	3.3	7.52	102.2	0.91	1.94	1199
4	4.1	4.362	130.3	0.75	1.625	1129
	4.2	5.03	132.2	0.89	1.734	1205
	4.3	5.03	130.6	0.87	1.734	1205
5	5.1	6.251	134.9	2.17	1.578	1118
	5.2	7.261	135.9	2.54	1.647	1210
	5.3	5.84	133.6	2.01	1.542	1071
6	6.1	3.755	126.3	1.49	1.488	1448
	6.2	4.505	99	1.41	1.627	1678
	6.3	2.48	112.5	0.93	1.157	1903
7	7.1	3.2	119	0.89	1.1	1352
	7.2	4.253	129.3	1.29	1.268	1552
	7.3	4.253	94.5	0.95	1.268	1552
	7.4	4.253	94.2	0.95	1.268	1552
8	8.1	4.683	129.3	1.33	1.093	1251
	8.2	4.705	129.2	1.34	1.094	1252
	8.3	4.859	130	1.39	1.105	1265
	8.4	4.894	130.8	1.43	1.114	1275
	8.5	5.153	131	1.49	1.125	1287

　　将岳 101 – 75 – H1 井各簇裂缝实际点描绘在标准图版中，如图 5 – 33 所示。由该图可得，岳 101 – 75 – H1 井各簇裂缝模拟实际无因次裂缝导流能力主要分布在 5 ~ 15 之间，模拟实际产能指数主要分布在 0.8 ~ 1.7 之间。根据标准图版，各簇裂缝在其支撑剂量一定的条件下，最优无因次裂缝导流能力分布在 3 ~ 8 之间，最优裂缝产能指数主要分布在 1.2 ~ 1.8 之间。模拟实际产能指数与设计最优产能指数相比，相差不大，该井各簇裂缝参数设计基本合理。如图 5 – 34、图 5 – 35 所示，该井模拟实际裂缝长度略小于设计最优裂缝长度，模拟实际裂缝宽度略大于设计最优裂缝宽度，总体相差不大，进一步说明该井前期裂缝参数设计较为合理，有进一步优化空间。

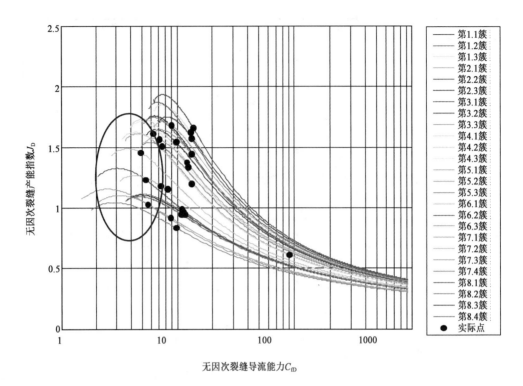

图 5-33　岳 101-75-H1 井各簇裂缝参数评价

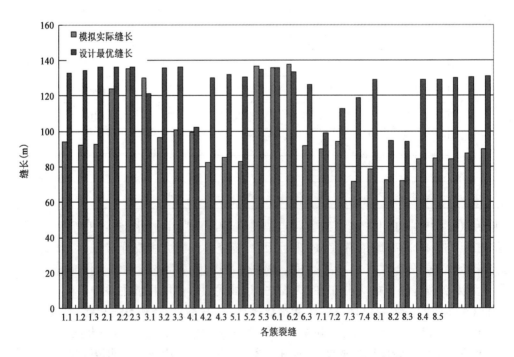

图 5-34　岳 101-75-H1 井模拟实际裂缝长度与设计最优裂缝长度对比

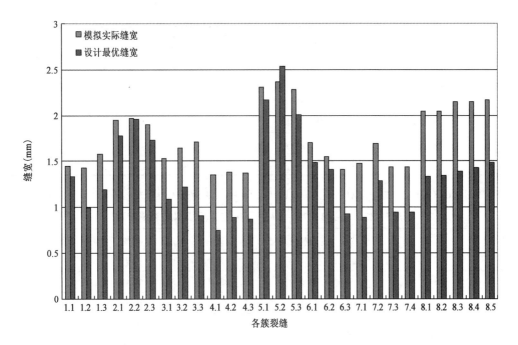

图 5 - 35　岳 101 - 75 - H1 井模拟实际裂缝宽度与设计最优裂缝宽度对比

2. 岳 101 - 77 - H1 井各段裂缝参数评价

岳 101 - 77 - H1 井压开 7 段,每段 4 ~ 5 簇,利用各段测井孔隙度,通过孔隙度和渗透率的拟合关系得到各段渗透率值。由于前 3 段孔隙度未知,因此对后 4 段各簇裂缝参数进行评价,其压裂施工参数见表 5 - 14。

表 5 - 14　岳 101 - 77 - H1 井压裂施工段施工参数

层段	施工井段 (m)	射孔井段 (m)	储层孔隙度 (%)	储层渗透率 (mD)	砂量 (m³)
4	3010 ~ 2880	2969 ~ 2971	6.7	0.32	20
		2956 ~ 2957			
		2928 ~ 2929			
		2904 ~ 2905			
5	2880 ~ 2750	2858 ~ 2859	7.95	0.61	40
		2836 ~ 2837			
		2806 ~ 2808			
		2776 ~ 2777			
6	2750 ~ 2610	2734 ~ 2735	6.3	0.26	15
		2706 ~ 2707			
		2672 ~ 2673			
		2648 ~ 2650			

续表

层段	施工井段 （m）	射孔井段 （m）	储层孔隙度 （%）	储层渗透率 （mD）	砂量 （m³）
7	2610～2450	2593～2594	7	0.38	40
		2571～2572			
		2548～2549			
		2511～2512			
		2470～2471			

利用 Meyer 模拟,得到岳 101 - 77 - H1 井压裂施工段模拟的裂缝参数见表 5 - 15。

表 5 - 15   岳 101 - 77 - H1 井压裂施工段模拟的裂缝参数

段	簇	簇控制区长 （m）	缝长 （m）	缝宽 （mm）	裂缝导流能力 （D·cm）
4	4.1	32.5	68.4	2.45	42.8
	4.2	32.5	61.7	1.79	31.3
	4.3	32.5	65.9	1.82	31.8
	4.4	32.5	62.8	2.19	38.1
5	5.1	32.5	98.6	2.82	48.9
	5.2	32.5	99.2	2.84	49.2
	5.3	32.5	90.9	2.82	49.1
	5.4	32.5	88.9	2.79	48.6
6	6.1	35	53.1	1.47	21.2
	6.2	35	53.9	1.48	21.3
	6.3	35	56.8	1.49	21.5
	6.4	35	71.9	2.14	30.9
7	7.1	32	97.6	2.96	51.5
	7.2	32	99.4	2.92	50.9
	7.3	32	103.3	2.97	51.8
	7.4	32	93.0	2.86	49.9
	7.5	32	89.1	2.55	48.5

根据地层参数及模拟的裂缝参数,利用裂缝参数评价模块计算的岳 101 - 77 - H1 井压裂施工段各簇裂缝的产能指数见表 5 - 16。

表 5 - 16   岳 101 - 77 - H1 井压裂施工段各簇裂缝的产能指数计算结果

段	簇	无因次导流能力 C_{fD}	无因次支撑剂 指数 N_{prop}	纵横比 y_{eD}	无因次产能指数 J_D	裂缝产能 （m³/d）
4	4.1	16.56	32.9	0.108	1.01	1106
	4.2	13.35	21.7	0.108	0.91	990

段	簇	无因次导流能力 C_{fD}	无因次支撑剂指数 N_{prop}	纵横比 y_{eD}	无因次产能指数 J_D	裂缝产能 （m^3/d）
4	4.3	12.54	23.5	0.108	0.95	1046
	4.4	15.9	26.8	0.108	0.93	1023
5	5.1	43.93	27.1	0.108	0.67	1399
	5.2	42.99	27.6	0.108	0.68	1418
	5.3	7.76	26.4	0.108	1.17	2451
	5.4	8.84	22.6	0.108	1.05	2193
6	6.1	16.04	17.5	0.117	0.82	732
	6.2	16.08	17.9	0.117	0.83	738
	6.3	15.2	19	0.117	0.86	770
	6.4	17.025	34.5	0.117	1.09	971
7	7.1	12.152	48.3	0.107	1.35	1749
	7.2	11.79	48.7	0.107	1.37	1774
	7.3	11.49	51.5	0.107	1.42	1839
	7.4	15.73	35	0.107	1.04	1359
	7.5	16.736	44.4	0.107	1.15	1490

利用本压裂设计模型,计算得到岳 101 - 77 - H1 井各簇裂缝最优裂缝参数及其产能指数见表 5 - 17。

表 5 - 17　岳 101 - 77 - H1 井各簇裂缝最优裂缝参数及其产能指数计算结果

段	簇	最优导流能力 C_{fDopt}	最优缝长 x_{fopt}（m）	最优缝宽 w_{fopt}（mm）	最优无因次产能指数 J_{Dopt}	最优裂缝产能 q_g（m^3/d）
4	4.1	4.66	130.9	1.28	1.41	1537
	4.2	3.45	124.1	0.89	1.23	1349
	4.3	3.64	125	0.96	1.25	1385
	4.4	4	127.9	1.07	1.32	1444
5	5.1	4.03	128.1	2.06	1.32	2763
	5.2	4.09	128.2	2.09	1.33	2779
	5.3	4.09	125.1	2.05	1.33	2779
	5.4	4.09	116.4	1.89	1.33	2779
6	6.1	3.14	120.1	0.65	1.22	1082
	6.2	3.18	120.8	0.66	1.23	1090
	6.3	3.31	122.7	0.69	1.25	1113
	6.4	5.125	132.7	1.16	1.52	1350
7	7.1	6.352	135.3	2.13	1.54	2003
	7.2	6.39	135	2.15	1.55	2008

段	簇	最优导流能力 C_{fDopt}	最优缝长 x_{fopt} (m)	最优缝宽 w_{fopt} (mm)	最优无因次产能指数 J_{Dopt}	最优裂缝产能 q_g (m³/d)
	7.3	6.79	135.1	2.27	1.57	2037
7	7.4	4.83	132.2	1.58	1.41	1835
	7.5	5.936	133.7	1.98	1.51	1960

将岳 101 - 77 - H1 井各簇裂缝实际点描绘在标准图版中,如图 5 - 36 所示。

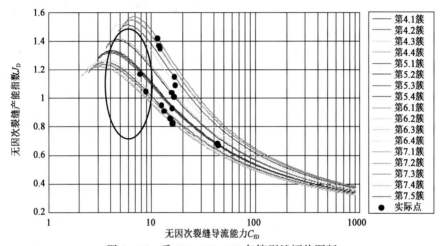

图 5 - 36　岳 101 - 77 - H1 各簇裂缝评价图版

如图 5 - 36 所示,岳 101 - 77 - H1 井各簇裂缝模拟实际无因次裂缝导流能力主要分布在 8 ~ 18 之间,模拟实际产能指数主要分布在 0.8 ~ 1.4 之间。根据标准图版,各簇裂缝在其支撑剂量一定的条件下,最优无因次裂缝导流能力分布在 3 ~ 7 之间,最优裂缝产能指数主要分布在 1.2 ~ 1.6 之间。模拟实际产能指数与设计最优产能指数相比,相差较大。

如图 5 - 37 和图 5 - 38 所示,该井模拟实际裂缝长度为设计最优裂缝长度的 0.5 ~ 0.7 倍,模拟实际裂缝宽度为设计最优裂缝宽度的 1.5 ~ 2 倍,总体相差较大,进一步说明该井前期裂缝参数设计不合理。

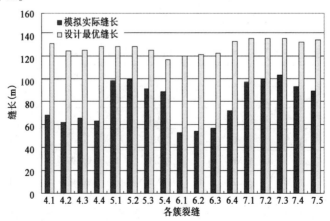

图 5 - 37　岳 101 - 77 - H1 井模拟实际裂缝长度与设计最优裂缝长度对比

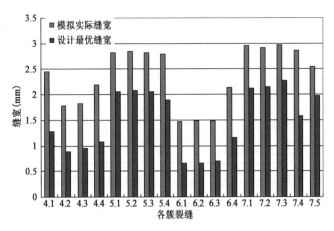

图 5 – 38　岳 101 – 77 – H1 井模拟实际裂缝宽度与设计最优裂缝宽度对比

3. 岳 101 – 78 – H1 井各段裂缝参数评价

岳 101 – 78 – H1 井压开 10 段, 每段 3 ~ 4 簇, 利用各段测井孔隙度, 通过孔隙度和渗透率的拟合关系得到各段渗透率值。由于第 1、2、4 段孔隙度未知, 因此对其余 7 段各簇裂缝参数进行评价, 其压裂施工参数见表 5 – 18。

表 5 – 18　岳 101 – 78 – H1 井压裂施工段施工参数

层段	施工井段 （m）	射孔井段 （m）	储层孔隙度 （%）	储层渗透率 （mD）	砂量 （m³）
3	3280 ~ 3410	3320 ~ 3322	7.64	0.523	20
		3355 ~ 3357			
		3390 ~ 3392			
5	3050 ~ 3170	3090 ~ 3092	6.2	0.248	80
		3110 ~ 3112			
		3130 ~ 3132			
6	2940 ~ 3050	2950 ~ 2952	7.73	0.548	20
		2980 ~ 2982			
		3020 ~ 3022			
7	2840 ~ 2940	2850 ~ 2852	7.63	0.520	40
		2880 ~ 2882			
		2910 ~ 2912			
8	2720 ~ 2840	2745 ~ 2747	7.63	0.520	20
		2765 ~ 2767			
		2790 ~ 2792			
9	2600 ~ 2720	2630 ~ 2632	7.01	0.377	30
		2665 ~ 2667			
		2698 ~ 2700			

续表

层段	施工井段 （m）	射孔井段 （m）	储层孔隙度 （%）	储层渗透率 （mD）	砂量 （m³）
10	2480~2600	2500~2502 2541~2543 2545~2547 2560~2562	7.4	0.462	80

利用 Meyer 模拟，得到岳 101 - 78 - H1 井压裂施工段模拟的裂缝参数见表 5 - 19。

表 5 - 19　岳 101 - 78 - H1 井压裂施工段模拟的裂缝参数

段	簇	簇控制区长 （m）	缝长 （m）	缝宽 （mm）	裂缝导流能力 （D·cm）
3	3.1	43.3	65.1	1.39	27.2
	3.2	43.3	67.1	1.58	27.5
	3.3	43.3	61.9	1.60	27.9
5	5.1	40	104.5	6.30	109.9
	5.2	40	93.9	6.18	107.7
	5.3	40	86.3	6.31	110.0
6	6.1	36.6	75.6	1.72	30.0
	6.2	36.6	62.1	1.74	30.4
	6.3	36.6	58.4	1.71	29.9
7	7.1	33.3	87.8	3.15	54.9
	7.2	33.3	72.8	3.18	55.4
	7.3	33.3	69.4	3.15	55.0
8	8.1	40	69.3	1.79	31.2
	8.2	40	60.7	1.79	31.1
	8.3	40	58.3	1.77	30.9
9	9.1	40	86.2	3.41	59.3
	9.2	40	83.6	3.32	57.8
	9.3	40	63.0	3.36	58.5
10	10.1	30	85.7	5.78	100.8
	10.2	30	59.2	5.54	96.5
	10.3	30	58.1	5.52	96.2
	10.4	30	65.1	1.39	27.2

根据地层参数及模拟的裂缝参数，利用裂缝参数评价模块计算的岳 101 - 78 - H1 井压裂施工段各簇裂缝的产能指数见表 5 - 20。

表 5 - 20　岳 101 - 78 - H1 井压裂施工段各簇裂缝的产能指数计算结果

段	簇	导流能力 C_{fD}	无因次支撑剂指数 N_{prop}	纵横比 y_{eD}	无因次产能指数 J_D	裂缝产能 （m^3/d）
3	3.1	0.8	1.4	0.144	0.555	1239
	3.2	6.398	9	0.144	0.956	2135
	3.3	7.11	8.4	0.144	0.901	2013
5	5.1	37.65	139.9	0.133	1.95	2015
	5.2	41.44	123.3	0.133	1.71	1767
	5.3	46.426	115.7	0.133	1.55	1597
6	6.1	6.31	13.2	0.122	1	2365
	6.2	7.74	11	0.122	0.878	2068
	6.3	7.65	9.5	0.122	0.83	1953
7	7.1	10.518	32.6	0.111	1.21	2712
	7.2	12.8303	27.3	0.111	1.04	2324
	7.3	12.86	25.8	0.111	1.013	2262
8	8.1	7.513	12.1	0.133	0.986	2201
	8.2	8.03	10	0.133	0.889	1986
	8.3	8.366	9.5	0.133	0.86	1921
9	9.1	15.28	39.6	0.133	1.39	2260
	9.2	15.98	37.4	0.133	1.32	2148
	9.3	20.8	28.5	0.133	1.03	1673
10	10.1	22.33	73.3	0.1	1.23	2443
	10.2	30.85	48.5	0.1	0.896	1771
	10.3	30.74	47.4	0.1	0.88	1756
	10.4	31.62	46.2	0.1	0.87	1719

利用本压裂设计模型,计算得到岳 101 - 78 - H1 井各簇裂缝最优裂缝参数及其产能指数见表 5 - 21。

表 5 - 21　岳 101 - 78 - H1 井各簇裂缝最优裂缝参数及其产能指数计算结果

段	簇	最优导流能力 C_{fDopt}	最优缝长 x_{fopt}（m）	最优缝宽 w_{fopt}（mm）	最优无因次产能指数 J_{Dopt}	最优裂缝产能 q_g（m^3/d）
3	3.1	1.6	53.2	0.33	0.584	1304
	3.2	2.499	107.5	0.98	1.116	2493
	3.3	2.412	106.6	0.93	1.087	2427
5	5.1	18.85	149.3	4.41	2.36	2438
	5.2	19.14	139.1	4.17	2.3	2378
	5.3	17.926	139.2	3.91	2.281	2351

段	簇	最优导流能力 C_{fDopt}	最优缝长 x_{fopt}（m）	最优缝宽 w_{fopt}（mm）	最优无因次产能指数 J_{Dopt}	最优裂缝产能 q_g（m³/d）
6	6.1	2.7104	116	1.12	1.14	2689
	6.2	2.542	109.1	0.99	1.068	2515
	6.3	2.359	105.1	0.95	1.01	2382
7	7.1	4.7186	131	2.11	1.436	3206
	7.2	4.1303	128.7	1.8	1.36	3037
	7.3	3.96	127.1	1.72	1.336	2983
8	8.1	2.713	115.2	1.07	1.182	2640
	8.2	2.53	109.2	0.99	1.1	2456
	8.3	2.466	107.5	0.96	1.078	2408
9	9.1	6.48	135.6	2.16	1.77	2869
	9.2	6.18	135	2.05	1.74	2822
	9.3	4.9	131.9	1.6	1.603	2595
10	10.1	8.82	136.5	3.63	1.6	3178
	10.2	6.05	134.5	2.44	1.46	2888
	10.3	5.94	134.2	2.39	1.45	2871
	10.4	5.82	133.7	2.34	1.444	2852

将岳 101 - 78 - H1 井各簇裂缝实际点描绘在标准图版中,如图 5 - 39 所示。

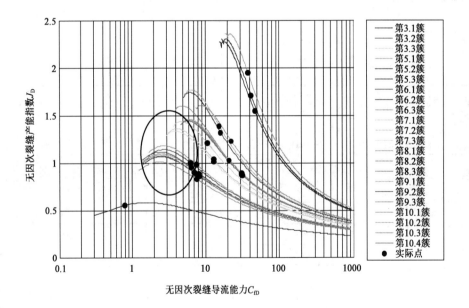

图 5 - 39 岳 101 - 78 - H1 各簇裂缝评价图版

如图 5 – 39 所示,岳 101 – 78 – H1 井各簇裂缝模拟实际无因次裂缝导流能力主要分布在 6 ~ 20 之间,模拟实际产能指数主要分布在 0.8 ~ 1.3 之间。根据标准图版,各簇裂缝在其支撑剂量一定的条件下,最优无因次裂缝导流能力分布在 2.5 ~ 6 之间,最优裂缝产能指数主要分布在 1 ~ 1.7 之间。模拟实际产能指数与设计最优产能指数相比,相差较大。

如图 5 – 40 和图 5 – 41 所示,该井模拟实际裂缝长度为设计最优裂缝长度的 0.5 ~ 0.7,模拟实际裂缝宽度为设计最优裂缝宽度的 1.5 ~ 2 倍,总体相差较大,进一步说明该井前期裂缝参数设计不合理。

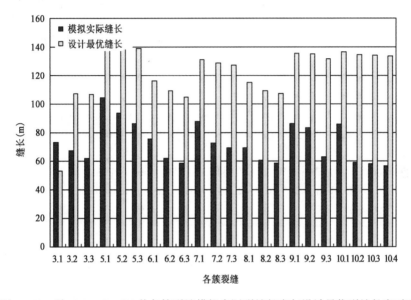

图 5 – 40　岳 101 – 78 – H1 井各簇裂缝模拟实际裂缝长度与设计最优裂缝长度对比

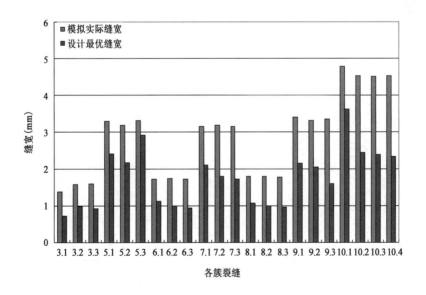

图 5 – 41　岳 101 – 78 – H1 井各簇裂缝模拟实际裂缝宽度与设计最优裂缝宽度对比

参 考 文 献

[1] Economides M J,Oligney R E,Valkó P P. Unified Fracture Design[M]. Alvin Texas:Orsa Press,2002.

[2] Fanhui Zeng,Yubiao Ke,Jianchun Guo. An optimal fracture geometry design method of fractured horizontal well in heterogeneous tight gas reservoir[J]. SCIENCE CHINA,Technological Sciences,2016,59(2):241 – 251.

[3] 曾凡辉,郭建春,柯玉彪.评价低渗透非均质气藏压裂水平井裂缝参数合理性的方法:CN201510895796.6 [P].2015 – 12 – 07.

[4] 曾凡辉,郭建春,龙川.优化特低渗透非均质气藏压裂水平井裂缝位置的方法:CN201510889494.8[P]. 2015 – 12 – 07.

[5] Cinco – Ley H,Samaniego F V. Transient pressure analysis for fracture wells[J]. SPE Journal,1981,33:1749 – 1766.

[6] Diyashev I R,Economides M J. The dimensionless productivity index as a general approach to well evaluation. SPE Production & Operations,2006,1:394 – 401.

[7] Daal J A,Economides M J. Optimization of hydraulically fractured wells in irregularly shaped drainage areas [C]. 2006 SPE International Symposium and Exhibition on Formation Damage Control, Lafayette Louisiana,2006.

[8] Ozkan E. Performance of Horizontal Wells[D]. Oklahama:University of Houston,1988.

[9] Valkó P P,Doublet L E,Blasingame T A. Development and application of the multi – well productivity index[J]. SPE Journal,2000,5:21 – 31.

第六章
致密气藏压裂井支撑剂回流及控制

水力压裂是致密气藏经济高效开发的关键技术,而压裂液返排是水力压裂重要的组成环节。不合理的压裂液返排将导致支撑剂回流,使得裂缝导流能力不足;大量的支撑剂回流甚至会导致井筒沉砂并刺坏油嘴[1]。目前常用的支撑剂回流预测模型普遍基于单相液体或者气体流动模型,而返排过程中通常表现为气—液两相流动。单相流动模拟难以准确预测支撑剂回流临界流速[2-5]。

针对压后返排过程,本章从支撑剂受力分析开始,建立了描述支撑剂回流控制的力学模型,考虑了支撑剂在裂缝中的形态,通过对支撑剂静态和气—液两相流动受力分析,同时考虑毛管力、裂缝闭合压力、气液对支撑剂拖曳力、支撑拱剪切强度和拉伸强度等因素,建立了支撑剂不发生回流的临界流速计算模型;并进一步分析了影响致密气藏压裂后支撑剂回流的主控因素。研究成果能够对支撑剂回流实现定量优化和控制。

第一节　压裂井支撑剂回流受力分析

假设致密气藏压裂后的裂缝为平板水力裂缝,水力裂缝内支撑剂颗粒之间部分胶结;在闭合应力和地层产出流体的综合作用下,导致支撑剂出现与裂缝宽度有关的砂拱。砂拱的受力状态以及平衡关系,决定了裂缝区域支撑剂的回流状态。当受力不平衡后,导致砂拱力学不稳定,使得部分支撑剂发生回流。

返排过程中,最开始运动的是未固结、固结较弱,或者悬浮支撑剂。随着返排压差增加,导致拖曳力逐渐增大;当流速增加至支撑剂稳定破坏的临界值时,支撑剂颗粒的力学平衡将受到破坏,导致砂拱发生剪切或者是拉伸破坏等。因此,本章将支撑剂回流问题转化为裂缝中稳定支撑拱的临界稳定性问题进行研究。

一、基本假设及力学模型

考虑重力的影响远小于其他因素,因此在分析过程中忽略了重力因素。压裂液返排支撑剂力学稳定性取决于水平方向上的受力,如颗粒拖曳力、颗粒之间内摩擦力等。因此,这里重点研究支撑剂在水平方向上的稳定性,对应物理模型如图 6-1 所示。为了建立对应的数学模型,做以下基本假设:

(1)裂缝为垂直裂缝,缝宽和缝高恒定;

(2)支撑剂颗粒均匀、颗粒与颗粒之间保持点接触,不考虑支撑剂的变形和破碎;

（3）流体同时有液相和气相，可以为达西流动或非达西流动；

（4）忽略重力的影响。

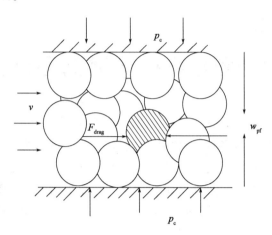

图 6 - 1　平板支撑裂缝中充填的支撑剂示意图

为了分析支撑剂在返排过程中的受力，这里取一颗支撑剂进行分析。支撑剂在回流过程

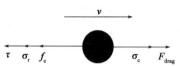

图 6 - 2　单颗支撑剂在裂缝中的受力分析

中的受力包含有回流动力和回流阻力。回流动力指气—液拖曳力、毛管力，回流阻力包括支撑拱拉伸力、支撑拱剪切力、裂缝闭合压力，如图 6 - 2 所示。从图中可以看出，支撑剂回流动力可以表示为

$$F = F_{drag} + \sigma_c \qquad (6-1)$$

支撑剂回流阻力可表示为

$$f = \tau + \sigma_r + f_c \qquad (6-2)$$

式中　F——回流动力，N；

F_{drag}——拖曳力，N；

σ_c——等效毛管力，N；

f——回流阻力，N；

f_c——闭合压力，N；

τ——剪切破坏力，N；

σ_r——拉伸破坏力，N。

二、支撑剂回流过程中单项受力分析

1. 拖曳力

致密气藏压裂井返排过程中，针对单颗支撑剂上的压降可以看作压力曲线上的一个微元，近似认为是线性变化。考虑均匀压力梯度下，流压随着距离线性变化，则有

$$p(x) = p_{wf} + \frac{dp}{dx}x \qquad (6-3)$$

式中　$p(x)$——裂缝中任意位置距离井筒 x 处的压力，MPa；

　　　p_{wf}——井底压力，MPa；

　　　x——裂缝中任意位置到井筒的距离，m。

支撑剂颗粒表面所受的拖曳力由流体压降产生，考虑支撑剂受力面为半球面，如图 6-3 所示。

计算拖曳力时，将支撑剂颗粒受力半球面分成若干个微元如图 6-4 所示，先计算微元受力，然后再由积分思想计算整个受力半球面上的拖曳力，则压降在支撑剂颗粒上一段微元距离 dx 产生的拖曳力为

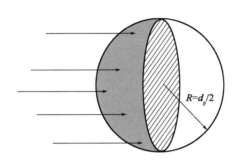

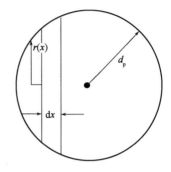

图 6-3　支撑剂所受拖曳力示意图　　　图 6-4　微元段拖曳力计算模型示意图

$$dF_{drag}(x) = dA_{dx} \cdot p(x) \qquad (6-4)$$

x 处支撑剂颗粒上的微元面积为

$$dA_{dx} = \pi[r(x) + dr]^2 - \pi r(x)^2 = \pi(dr)^2 + 2\pi r(x) dr \qquad (6-5)$$

式中　$F_{drag}(x)$——距离井筒 x 位置处支撑力颗粒微元上的拖曳力，N；

　　　A_{dx}——在距离井筒 x 位置处压降作用在支撑剂颗粒上的微元面积，m^2；

　　　$r(x)$——裂缝中距离井筒 x 位置处的支撑剂颗粒所受拖曳力的截面半径，m。

式（6-5）中，由于二次项 $\pi(dr)^2$ 很小，忽略不计，则式（6-5）变为

$$dA_{dx} = 2\pi r(x) dr \qquad (6-6)$$

将式（6-3）、式（6-6）代入式（6-4）中可得

$$dF_{drag}(x) = p(x) \cdot dA_{dx} = \left(p_{wf} + \frac{dp}{dx}\right) 2\pi r(x) dr \qquad (6-7)$$

式（6-7）中 F_{drag} 是作用在支撑剂颗粒半球面上一段微元的拖曳力，对于整个支撑剂颗粒受力半球面上的全部拖曳力由这些若干微元的集合组成：

$$F_{drag} = \int_0^{D_p} dF_{drag}(x) = 2\pi p_{wf} \int_0^{2d_p} r(x) dr + 2\pi \frac{dp}{dx} \int_0^{2d_p} x r(x) dr \qquad (6-8)$$

式中　D_p——单个支撑剂颗粒的直径，m；

　　　d_p——单个支撑剂颗粒的半径，m。

根据图 6-4 的几何关系有

$$r(x) = \sqrt{d_p^2 - (dx)^2} \qquad (6-9)$$

$$dr = (d_p - x)[d_p^2 - (dx)^2]^{-\frac{1}{2}} dx \qquad (6-10)$$

联立式(6-8)、式(6-10)可得

$$F_{drag} = -\frac{4}{3}\pi\frac{\mathrm{d}p}{\mathrm{d}x}d_p^3 \tag{6-11}$$

因此,作用在支撑剂受力半球面上的拖曳力为

$$p_{drag} = \frac{F_{drag}}{A_p} = \frac{F_{drag}}{\pi d_p^2} \tag{6-12}$$

将式(6-11)代入式(6-12)中得

$$p_{drag} = -\frac{2d_p}{3} \cdot \frac{\mathrm{d}p}{\mathrm{d}x} \tag{6-13}$$

考虑液体、气体在支撑剂层中流动时,满足连续流动和分布,可以得到单相气体、液体分别作用在支撑剂颗粒上的作用力有

$$p_{drag}(g) = -\frac{2d_p}{3} \cdot \frac{\mathrm{d}p_g}{\mathrm{d}x} \tag{6-14}$$

$$p_{drag}(L) = -\frac{2d_p}{3} \cdot \frac{\mathrm{d}p_L}{\mathrm{d}x} \tag{6-15}$$

式中　$p_{drag}(g)$——单相气体产生的拖曳力强度,MPa;

　　　p_g——单相气体压降,MPa;

　　　$p_{drag}(L)$——单相液体产生的拖曳力强度,MPa;

　　　p_L——单相液体压降,MPa。

2. 毛管力

致密气井压裂后在返排过程中同时存在气相、液相流动。支撑剂颗粒之间的空隙会因为残余液以束缚水膜的形式存在其表面,形成由支撑剂颗粒孔隙构成的多条毛管束,因此支撑裂缝中润湿相对支撑剂所产生的等效毛管力不能忽略。等效毛管力的方向与多相流体流动方向相同,作用在支撑剂颗粒上,为支撑剂颗粒回流的动力。

假设压裂裂缝中充填的支撑剂颗粒均匀,计算两个大小相同固相颗粒正切接触时的毛管力模型如图6-5所示,假设弯曲液面由半径 r、r_1 确定。常用计算毛管力的公式为

$$p_c = \sigma\left(\frac{1}{r_1} - \frac{1}{r}\right) \tag{6-16}$$

式中　p_c——毛管力,Pa;

　　　σ——两相流体间的界面张力,N/m;

　　　r_1——其中一个弯曲液面的直径,m;

　　　r——另外一个弯曲液面的直径,m。

毛管力引起的黏滞力:

$$F_{ci} = \pi x_i^2 p_c \tag{6-17}$$

F_{ci} 是颗粒 i 与液体界面上的毛管力,i 取 1 或 2。毛细管连接最薄弱点是两个颗粒间毛管力中的最小值,所以根据图6-5均匀颗粒模型而言,$F_{ci} = F_{c1} = F_{c2}$,毛管力强度可以表示为

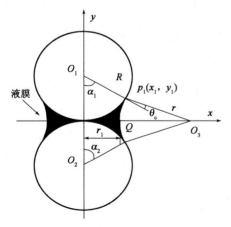

图6-5　均匀颗粒相互接触模型示意图

$$\sigma_c = \lambda \frac{1-\phi}{\phi} \frac{F_{c1}}{4R^2} \qquad (6-18)$$

式中　F_{c1}——颗粒 1 与液体界面上的毛管力，N；

　　　ϕ——裂缝中充填的支撑剂形成的孔隙度，无量纲；

　　　λ——颗粒的不均匀系数(反映颗粒均匀程度，均匀颗粒取 1)，无量纲；

　　　R——颗粒半径，m。

　　由于支撑剂颗粒大小均匀，则 $\alpha_1 = \alpha_2 = \alpha_c$，接触角 θ_c 不等于 0，因此由图 6-5，根据几何关系计算出弯曲液面半径为

$$r = \frac{1-\cos\alpha_c}{\cos\alpha_c} R \qquad (6-19)$$

式中　α_c——过颗粒圆心 O_1 和切点的连线与垂直方向的夹角，(°)。

令

$$f(\alpha_c) = \frac{1-\cos\alpha_c}{\cos\alpha_c} \qquad (6-20)$$

则

$$r = f(\alpha_c) R \qquad (6-21)$$

　　根据式(6-16)计算出毛管力，必须确定另一弯曲液面半径 r_1，由于液相内部各处毛管力相等，因此选取 Q 点为弯曲液面"中值点"，其横坐标为

$$\begin{cases} r_1 = x_1 - r + r\sin(\theta_c + \alpha_c) \\ x_1 = R\sin\alpha_c \end{cases} \qquad (6-22)$$

由式(6-22)得

$$r_1 = R\sin\alpha_c - r + r\sin(\theta_c + \alpha_c) \qquad (6-23)$$

　　由单位体积定义可知：在单位体系水中的体积等于所饱和的水的体积，即为 $V_\phi S_w$，其中 V_ϕ 为单位体系中的孔隙体积，则

$$V_\phi = 4\left(1 - \frac{\pi}{4}\right) d_p^2 \qquad (6-24)$$

因此

$$\phi \cdot S_w = -\frac{\alpha_c}{2} + \sin\alpha_c - \frac{1}{4}\sin2\alpha_c - \frac{(1-\cos\alpha_c)^2}{1+\cos2(\alpha_c+\theta_c)}\left[\frac{\pi}{2} - (\alpha_c + \theta_c) - \frac{\sin2(\alpha_c+\theta_c)}{2}\right]$$

$$(6-25)$$

联立式(6-19)、式(6-24)，消去 r，得到

$$r_1 = R\left\{ \frac{1}{\cos\alpha_c}\{\sin\alpha_c\cos\alpha_c + (1-\cos\alpha_c)[\sin(\alpha_c+\theta_c)-1]\} \right\} \qquad (6-26)$$

令

$$f_1(\alpha_c) = \left\{ \frac{1}{\cos\alpha_c}\{\sin\alpha_c\cos\alpha_c + (1-\cos\alpha_c)[\sin(\alpha_c+\theta_c)-1]\} \right\} \qquad (6-27)$$

则式(6-26)可化简为

$$r_1 = R f_1(\alpha_c) \qquad (6-28)$$

因此，对于任意饱和度，将式(6-19)、式(6-26)代入式(6-16)，解出毛管力得

$$p_c = \frac{\sigma}{R}\left[\frac{1}{f_1(\alpha_c)} - \frac{1}{f(\alpha_c)}\right] \qquad (6-29)$$

将式(6-29)、式(6-23)代入式(6-17)确定支撑剂颗粒的毛管力为

$$F_c = \pi\sigma R \sin^2\alpha_c \left[\frac{1}{f_1(\alpha_c)} - \frac{1}{f(\alpha_c)}\right] \qquad (6-30)$$

将式(6-30)代入式(6-18)得到大小均匀支撑剂颗粒切向接触时毛管力强度表达式为

$$\sigma_c = \frac{1-\phi}{4\phi} \cdot \frac{\pi\sigma \sin^2\alpha_c}{d_p}\left[\frac{1}{f_1(\alpha_c)} - \frac{1}{f(\alpha_c)}\right] \qquad (6-31)$$

一旦 S_w 和 θ_c 确定，就可以根据式(6-20)计算出 α_c，进而根据式(6-31)计算出支撑裂缝中束缚液面产生的毛管力。

3. 闭合压力

水力压裂施工结束后裂缝闭合，支撑剂充填层在靠近井筒区域形成半球形支撑拱，如图6-6(a)所示。裂缝对支撑剂充填层产生闭合压力，使得支撑剂压实更充分，同时也使支撑剂颗粒间的摩擦力增加，充填层结构更稳定，抑制支撑剂回流；如果闭合压力过大，达到支撑剂的破裂强度，部分支撑剂会被压碎，导致充填层结构稳定性降低，部分支撑剂发生回流。

为了研究方便，将单个支撑剂颗粒所受的闭合压力 p_c 分解为沿平行于气流方向的分力 p_{cx} 和垂直裂缝壁面方向分力 p_{cy}，如图6-6(b)所示。

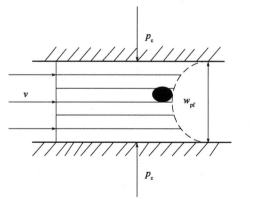 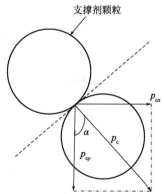

(a)单颗粒支撑剂受闭合应力状态 　　　　　　(b)单颗粒支撑剂闭合压力分解

图6-6　单颗粒支撑剂所受闭合压力图

根据图6-6(b)几何关系可知

$$p_{cx} = p_c \sin\alpha \qquad (6-32)$$

$$p_{cy} = p_c \cos\alpha \qquad (6-33)$$

式中　p_{cx}——闭合压力水平分量，MPa；

　　　p_{cy}——闭合压力垂直分量，MPa；

α——闭合压力方向与垂直方向的夹角,(°)。

1)闭合压力水平分量 p_{cx}

由图6-6(b)可知,p_{cx} 方向与支撑剂回流方向相反,它指向充填层内部,与拖曳力方向相反,表现为回流阻力,因此求解 α 是求解 p_{cx} 的必要条件。由于 α 的求解与支撑剂铺砂浓度、铺置层数以及堆积方式有关,将支撑拱弯曲的结构面近似看作一段圆弧$\overset{\frown}{MC}$,如图6-7所示。通过几何图形关系可知,圆弧$\overset{\frown}{MC}$的圆周角是 2α,而 MN 为圆弧$\overset{\frown}{MC}$对应的弦,也是支撑裂缝的缝宽。

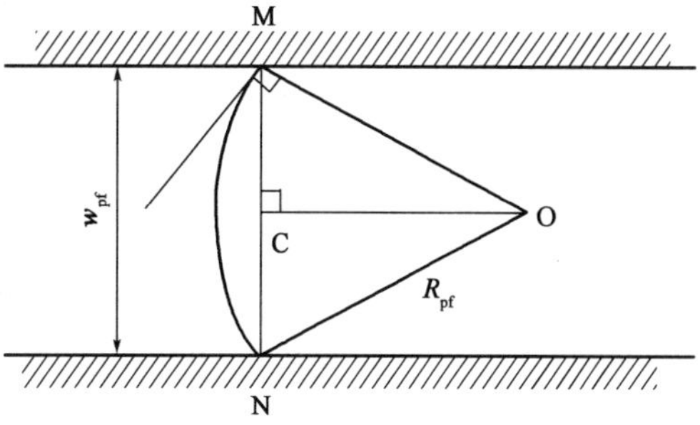

根据三角形几何关系可知:

$$\sin\alpha = \frac{\overset{\frown}{MC}}{R_{pf}} = \frac{w_{pf}}{2R_{pf}} \qquad (6-34)$$

式中　R_{pf}——支撑拱半径,m;

w_{pf}——支撑裂缝宽度,m。

圆弧 $\overset{\frown}{MN}$ 所对应的圆周角为 2α,有

$$\overset{\frown}{MN} = nD_p = 2\alpha R_{pf} \qquad (6-35)$$

几何计算 α 接近于1,近似认为

$$R_{pf} = \frac{nD_p}{2} \qquad (6-36)$$

联立式(6-34)、式(6-35)、式(6-36)得

$$\sin\alpha = \frac{w_{pf}}{nD_p} \qquad (6-37)$$

图6-7　裂缝中支撑拱的模型

在实际的排列中,支撑剂的堆积往往是复杂的、没有多少规则的,且由于裂缝闭合压力影响,使得支撑剂在堆积时,有一部分重叠,支撑剂在裂缝中排列方式如图6-8所示。

根据假设情况,相互重叠的支撑剂在排列后存在高度损失,对于重叠高度损失表示为

$$\Delta y = R - R\cos\frac{\beta}{2} \qquad (6-38)$$

式中　β——堆积角,(°)。

假设支撑剂颗粒均是理想的圆形颗粒,因此 $R = \frac{d_p}{2}$。由图6-8可得:当 $n=2$ 时,支撑剂在裂缝内宽度的"损失"为 $2\Delta y$,即

$$2\Delta y = 2(R - R\cos\frac{\beta}{2}) = d_p - d_p\cos\frac{\beta}{2} \qquad (6-39)$$

而实际缝宽为

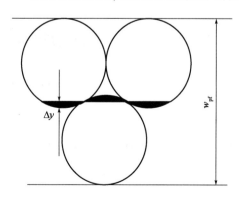

图6-8　支撑剂在裂缝中排列方式

$$w_{pf}(i=2) = 2d_p - (2-1) \times 2\Delta y = 2d_p - 2\Delta y = d_p + d_p\cos\frac{\beta}{2} \qquad (6-40)$$

同理,对于不同的铺砂层数,实际的缝宽都能以此类推:

当 $n=3$ 时,$w_{pf}(i=3) = 3d_p - (3-1) \times 2\Delta y = 3d_p - 2\left(d_p - d_p\cos\frac{\beta}{2}\right) \qquad (6-41)$

当 $n=4$ 时,$w_{pf}(i=4) = 3d_p - (3-1) \times 2\Delta y = 3d_p - 2\left(d_p - d_p\cos\frac{\beta}{2}\right) \qquad (6-42)$

当 $n=n$ 时,$w_{pf}(i=n) = nd_p - (n-1) \times 2\Delta y = nd_p - (n-1)\left(d_p - d_p\cos\frac{\beta}{2}\right) \qquad (6-43)$

式中,$w_{pf}(i=n)$ 为铺砂层数 i 时支撑裂缝宽度,m。

将式(6-36)代入式(6-40),得到

$$\sin\alpha = \frac{1 + (n-1)\cos\dfrac{\beta}{2}}{n} \qquad (6-44)$$

根据式(6-44)可以确定支撑剂的实际铺砂层数:

$$n = \frac{w_{pf}(n) + \cos\dfrac{\beta}{2} - d_p}{d_p\cos\dfrac{\beta}{2}} \qquad (6-45)$$

根据模型,若支撑裂缝宽度 $w_{pf}(i=n)$ 已知,可利用式(6-43)计算 n;而如果知道铺砂的层数,则可利用式(6-40)确定 $w_{pf}(i=n)$。

2)闭合压力垂直分量 p_{cy}

由于 p_{cy} 与回流方向垂直,因此只增加支撑剂颗粒之间的挤压力,使支撑剂铺置层与裂缝壁面之间、支撑剂铺置层与层之间产生滑动摩擦力。而摩擦力 f_{cy} 总是阻碍支撑剂的运移,因此表现为回流阻力,当支撑剂回流或者出现回流趋势时,其大小为

$$f_{cy} = \mu_f p_{cy} \qquad (6-46)$$

式中　f_{cy}——等效摩擦阻力,MPa;

　　　μ_f——平均摩擦系数。

3)闭合压力等效阻力强度 f_c

综上所述,闭合压力的水平分力和垂直分力的作用效果都是回流阻力,因此闭合压力综合阻力强度 f_c 为

$$f_c = p_{cx} + f_{cy}p_{cy} \qquad (6-47)$$

式中　f_{cy}——颗粒间摩阻系数;

　　　f_c——表示闭合压力的等效阻力强度,MPa。

由于 f_{cy} 起维持支撑剂充填层稳定的作用,其作用很微弱,因此一般取 $f_{cy}=0$,所以有

$$f_c = p_{cx} = p_c\sin\alpha \qquad (6-48)$$

4. 剪切强度

剪切力包括相邻颗粒间物理结合的黏附力和颗粒间摩擦力。地层闭合压力的作用维持颗

粒稳定性,但剪切失效对处于弱胶结状态的支撑剂影响作用很大,遭到破坏时其失效机理与砂岩一样,因此对孔眼支撑拱模型中的失效,对剪切强度依旧采用岩样失效准则计算。

依据 Mohr – Coulomb 失效准则,当岩石一侧的内部剪切应力达到临界剪切应力时,稳定的结构产生破坏时的剪切应力为

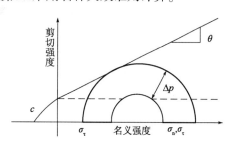

$$\tau = c + \sigma_n \tan\theta \qquad (6-49)$$

式中　τ——剪切应力,MPa;

　　　c——内聚力强度,MPa;

　　　σ_n——剪切面的法向应力,MPa;

　　　θ——内摩擦角,(°)。

图 6 – 9　引起出砂的临界压力降力学示意图

对式(6 – 49)引入主应力概念而变形为

$$\sigma_r = \frac{1 + \sin\theta}{1 - \sin\theta}\sigma_3 + C_0 \qquad (6-50)$$

式中　σ_r——有效应力,MPa;

　　　C_0——单轴应力强度,MPa。

C_0 和 θ 为参数表确定的线性化系数。对支撑拱上的任意一点,利用有效应力的准则有

$$\sigma_r = p_{wf} - p_f \qquad (6-51)$$

式中　p_{wf}——井底压力,MPa;

　　　p_f——地层压力,MPa;

　　　σ_r——有效径向应力,MPa。

考虑两种破坏的极限情况,则 $\theta = 0$ 和 $\theta = \pi/4$ 时的有效切应力:

(1)$\theta = 0$ 时:　　　$\sigma_{\theta=0} = 3\sigma_{H,min} - \sigma_{H,max} - p_{wf} + p_f \qquad (6-52)$

(2)$\theta = \pi/4$ 时:　　$\sigma_{\theta=\pi/4} = 3\sigma_{H,max} - \sigma_{H,min} - p_{wf} + p_f \qquad (6-53)$

联立得到

$$-\Delta p = p_{wf} - p_f = \frac{3\sigma_{H,max} - \sigma_{H,min} - C_0}{1 + \dfrac{1 + \sin\theta}{1 - \sin\theta}} \qquad (6-54)$$

在支撑剂回流模型中,认为支撑剂回流要克服的剪切强度应满足 $\tau = \Delta p$,则临界条件有

$$\tau = \frac{3\sigma_{H,max} - \sigma_{H,min} - C_0}{1 + \dfrac{1 + \sin\theta}{1 - \sin\theta}} \qquad (6-55)$$

在致密气生产过程中,支撑拱上沿最小水平主应力方向上的有效应力大小决定了支撑剂是否会发生回流的关键。因此,通过优选、调节井底压力能够有效防止支撑拱破坏的发生。

5. 拉伸强度

在高闭合压力状态下,支撑剂充填层中的支撑剂为非胶结和弱胶结结构。在高速流体的流动冲刷下,支撑剂颗粒还会受到拉伸破坏作用,如图 6 – 10 所示。

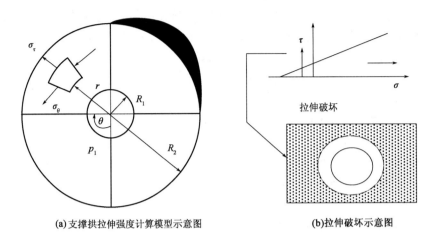

(a)支撑拱拉伸强度计算模型示意图　　　　　　(b)拉伸破坏示意图

图 6 – 10　支撑剂颗粒受拉伸破坏图

基于拉升强度破坏准则,支撑拱发生拉伸强度时支撑拱的孔隙压力可以表示为

$$p_r = p_1 + \frac{q\mu}{2\pi K}\left(\frac{1}{R_1} - \frac{1}{r}\right) = g_1 - \frac{g_2}{r} \tag{6-56}$$

其中

$$g_1 = p_1 + (p_2 - p_1)\frac{R_2}{R_2 - R_1} \tag{6-57}$$

$$g_2 = \frac{(p_2 - p_1)R_1 R_2}{R_2 - R_1} \tag{6-58}$$

式中　p_r——r 处的压力,MPa;

　　　　p_1——支撑拱内表面处压力,MPa;

　　　　R_1——支撑拱内半径,cm;

　　　　R_2——支撑拱外半径,cm;

　　　　r——任意位置处支撑拱半径,cm;

　　　　q——流过支撑拱流体流量,cm^3/s;

　　　　K——支撑拱渗透率,mD;

　　　　μ——流体黏度,mPa·s;

　　　　p_2——支撑拱外表面处压力,MPa。

支撑拱上支撑剂处于剪切极限状态时径向应力和切向应力必须满足的条件是

$$S_r = \left(1 - \frac{1 - \sin\theta}{1 + \sin\theta}\right)p_r + \frac{1 - \sin\theta}{1 + \sin\theta}S_{\theta t} - 2c\frac{\cos\theta}{1 + \sin\theta} \tag{6-59}$$

式中　S_r——支撑拱内表面的径向应力,MPa;

　　　　$S_{\theta t}$——支撑拱内表面总的切向应力,MPa。

考虑支撑拱的力学稳定性应满足:

$$\frac{\mathrm{d}S_r}{\mathrm{d}r} + \frac{2(S_r - S_{\theta t})}{r} = 0 \tag{6-60}$$

将式(6 – 59)代入式(6 – 60)中可得

$$\frac{dS_r}{dr} = \frac{2 \cdot \frac{2\sin\theta}{1-\sin\theta}\left[S_r - \left(g_1 - \frac{g_2}{r}\right) + \frac{c}{\tan\theta}\right]}{r} \qquad (6-61)$$

对式(6-61)进行积分可得

$$S_r = g_1 - \frac{c}{\tan\theta} - \frac{g_2}{r}\frac{4\sin\theta}{1+3\sin\theta} + \left(\frac{r}{R_1}\right)^{\frac{4\sin\theta}{1-\sin\theta}}\left[\frac{c}{\tan\theta} - \frac{g_2}{R_1}\left(1 - \frac{4\sin\theta}{1+3\sin\theta}\right) + \sigma_r\big|_{r=R_1}\right] \quad (6-62)$$

又因为

$$\sigma_r = S_r - p_r \qquad (6-63)$$

将式(6-56)、式(6-63)代入式(6-62)中，并令 $f(\theta) = \dfrac{4\sin\theta}{1-\sin\theta}$，可以得到

$$\sigma_r = \left[\frac{q\mu}{2\pi Kr}\left(1 - \frac{4\sin\theta}{1+3\sin\theta}\right) - \frac{c}{\tan\theta}\right] + \left(\frac{r}{R_1}\right)^{f(\theta)}\left[\frac{c}{\tan\theta} - \frac{q\mu}{2\pi KR_1}\left(1 - \frac{4\sin\theta}{1+3\sin\theta}\right) + \sigma_r\big|_{r=R_1}\right]$$

$$(6-64)$$

在支撑拱附近，由于流体高速流动将产生水平拉伸力。当支撑剂颗粒有流动趋势时，支撑剂颗粒间的摩擦强度等于水平拉伸力，满足式(6-65)：

$$\left[\frac{c}{\tan\theta} + \sigma_r - \frac{q\mu}{2\pi KR_1}\left(1 - \frac{4\sin\theta}{1+3\sin\theta}\right)\right]\frac{4\sin\theta}{1-\sin\theta}\frac{dr}{dR_1} = 0 \qquad (6-65)$$

为了求解式(6-65)，做如下近似处理：

(1)物理模型近似处理：$R_1 = R_{pf}$，$R_2 = R_{pf} + L_{pf}$，$R_2 \to \infty$，模型如图6-11所示。

(2)假设颗粒没有变形和压碎，充填支撑剂处于弱胶结结构，且颗粒间内聚力强度 $c \approx 0$。

(3)以流过支撑剂流体压降和流量为基础计算 xdp/dx 后，就可以得到支撑拱发生破坏时的临界流量。

当拉伸强度刚好克服颗粒间摩擦强度时，即发生拉伸破坏，表达式为

$$\frac{dp}{dx}x = S_w\frac{1+3\sin\theta}{1-\sin\theta} \qquad (6-66)$$

当含水饱和度比较低(此时为束缚水饱和度)时，黏附强度来自支撑剂颗粒与束缚水的表面张力。当发生拉伸破坏时，应满足：

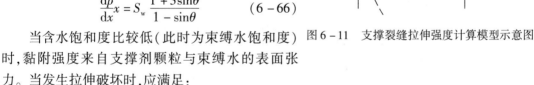

图6-11 支撑裂缝拉伸强度计算模型示意图

$$\sigma_r - \frac{dp}{dx}x\left(1 - \frac{4\sin\theta}{1+3\sin\theta}\right) = 0 \qquad (6-67)$$

由于在靠近井筒附近区域支撑拱里的支撑剂最容易发生回流。这里仅对最靠近井筒端单颗粒支撑剂的稳定性进行研究，考虑 $x = dp$，代入式(6-67)，整理得

$$\sigma_r = \frac{dp}{dx}\frac{1-\sin\theta}{1+3\sin\theta}d_p \qquad (6-68)$$

当流体为气—水两相时，水相和气相分别产生相应的压力降落。但是对于支撑剂颗粒来

说,剪切强度因为两相的混合,使得剪切强度变弱,这里分别求出砂拱在液相和气相作用下的剪切强度,然后根据饱和度加权,求出总剪切强度[1]。

$$\sigma_r = \left(\frac{\mathrm{d}p_g}{\mathrm{d}x} + \frac{\mathrm{d}p_w}{\mathrm{d}x}\right)\left(\frac{1 - \sin\theta}{1 + 3\sin\theta}\right)d_p \tag{6-69}$$

1)气相流动压降 $\dfrac{\mathrm{d}p_g}{\mathrm{d}x}$

对于水平平板裂缝,气体非达西流动压力梯度与渗流速度 v 之间满足以下关系:

$$-\frac{\mathrm{d}p_g}{\mathrm{d}x} = \left(\frac{\mu_g}{K_g}v + \beta_{S_w}\rho_g v^2\right) \tag{6-70}$$

$$\beta_{S_w} = \frac{\beta_{S_w=0}}{(1 - S_w)^{5.5}K_g^{0.5}} \tag{6-71}$$

式中 μ_g——气体黏滞系数,mPa·s;

K_g——气相渗透率,mD;

ρ_g——裂缝中气体密度,kg/m³;

β_{S_w}——任意 S_w 时气体惯性阻力系数,1/m。

裂缝中气体处于高温、高压条件,根据气体状态方程:

$$p = \frac{\rho_{gi}Z_i RT_i}{M_g} \tag{6-72}$$

式中 ρ_{gi}——储层气体密度,kg/m³;

T_i——储层压力,℃;

p——储层压力,MPa;

Z_i——气体偏差系数,%;

R——气体普氏常数,取8.314J/(mol·K);

M_g——气体摩尔质量,g/mol。

将式(6-71)、式(6-72)代入式(6-70)中得

$$-\frac{\mathrm{d}p}{\mathrm{d}x} = \frac{p_r^2 - p_w^2}{2L} = \frac{\mu_{gi}Z_i RT_i \rho_{gi}}{K_g M_g}v + v^2\frac{Z_i RT_i \rho_g^2 \beta_g}{M_g} \tag{6-73}$$

式中 β_g——气体惯性阻力系数,1/m。

2)液体流动压降 $\dfrac{\mathrm{d}p_w}{\mathrm{d}x}$

对于平板裂缝,单相不可压缩液体的单向渗流微分方程:

$$-\frac{\mathrm{d}p_w}{\mathrm{d}x} = \frac{\mu_L}{K_L}v_L \tag{6-74}$$

式中 μ_L——液相黏度,mPa·s;

K_L——液相渗透率,mD;

v_L——液相速度,m/s。

第二节 支撑剂回流破坏准则

根据支撑剂回流受力模型,产生支撑剂回流的力学平衡条件为

$$F \geqslant f \tag{6-75}$$

即

$$p_{\text{drag}} + \sigma_c \geqslant \tau + \sigma_r + f \tag{6-76}$$

进一步整理可得

$$
-\frac{d_p}{3} \cdot \frac{dp}{dx} + 5\pi \times 10^{-7} \frac{1-\phi}{\phi} \cdot \frac{\sigma \sin^2 \alpha_c}{d_p} \cdot \left[\frac{1}{f_1(\alpha_c)} - \frac{1}{f(\alpha_c)} \right]
$$
$$
\geqslant \frac{3\sigma'_{\text{H,max}} - \sigma'_{\text{H,min}} - C_0}{1 + \dfrac{1+\sin\theta}{1-\sin\theta}} + (\sin\alpha + \mu_f \cos\alpha) p_c + \frac{dp}{dx} \frac{1-\sin\theta}{1+3\sin\theta} d_p \tag{6-77}
$$

分别计算 $\dfrac{dp_g}{dx}$ 和 $\dfrac{dp_w}{dx}$,即可得到支撑剂回流的临界流速。

第三节 压裂井支撑剂回流影响因素分析

根据以上数学模型,编写计算程序,就可以对影响支撑剂回流的各因素进行分析。

一、基本参数

地面或地层基本参数见表 6-1。

表 6-1 地面或地层基本参数表

地面或地层参数				
地面温度(K)	地层温度(K)	地面压力 p_0(MPa)	地层压力 p_r(MPa)	空气密度(kg/m³)
293	373	0.1	18	1.3
储层天然气物性参数				
偏差因子 Z	相对密度 γ_g	气体黏度 μ_g (mPa·s)	气体压缩系数 B_g (m³/m³)	内摩擦角 θ (°)	界面张力 σ (N/m)
0.78	0.8	0.002	0.0055	30	0.03
支撑剂物性参数				
颗粒直径 d_p(mm)	相对密度	支撑剂强度	接触角 α(°)
0.4	3.34	20.7~34.5	60
支撑剂充填层物性参数				
孔隙度 ϕ(%)	最大水平主应力 $\sigma_{\text{H,max}}$(MPa)	最小水平主应力 $\sigma_{\text{H,min}}$(MPa)	剪切模量 C_0 (MPa)	缝高 H_{pf} (m)	缝长 L_{pf} (m)	含水饱和度 S_w(%)
25.9	25	20	12	10	80	25

续表

其他参数的取值范围				
井底压力 p_{wf}（MPa）	气体渗透率 K_g（D）	液体渗透率 K_w（10^3 mD）	井筒高度 H_{wf}（m）	摩擦系数 μ_f（m）
15	800	150	0.8	0.1

二、模型验证

本书是基于文献[4]模型进一步开展的研究,本书中将裂缝中的单相气体流动扩展到了两相流动。由图6-12可知,单相气流的临界流速总是比两相流临界流速要大;并且颗粒越大,临界流速越大。当裂缝中的流体为气—液两相流动时,由于液相的存在导致支撑拱的抗剪切能力减弱,使得气—液两相流动的临界流速比单相气体流动时的临界流速要低。

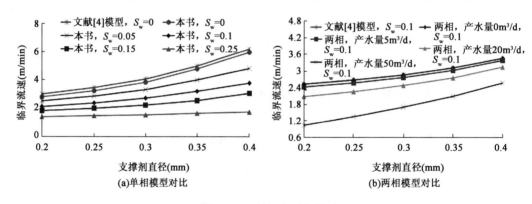

图6-12　单相和两相模型

三、影响因素分析

1. 支撑剂直径

图6-13是在闭合应力为25MPa、裂缝宽度为6mm的情况下,单相/两相不同颗粒直径条件下临界流速和临界产量的关系曲线。

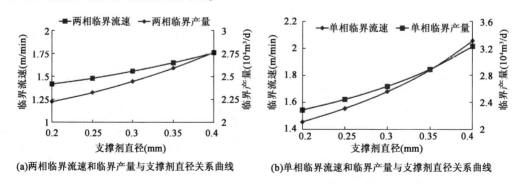

图6-13　单相/两相不同颗粒直径条件下的临界流速和临界产量的关系

由图 6 - 13 可以看出,随着支撑剂颗粒直径减小,临界流速降低,表明裂缝中支撑颗粒的稳定性随着颗粒减小而变差,充填稳定性变弱;同时,由于含水的影响支撑拱稳定性会降低。

2. 裂缝宽度

图 6 - 14 是在闭合应力为 25MPa、颗粒直径为 0.4mm 的情况下,临界流速或临界产量与裂缝宽度的关系曲线。

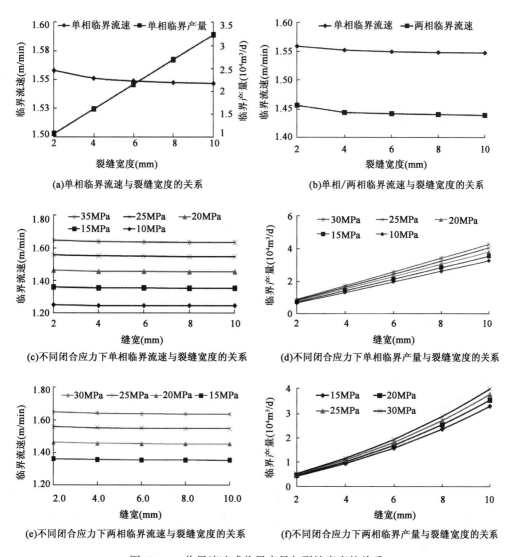

图 6 - 14　临界流速或临界产量与裂缝宽度的关系

图 6 - 14 表明,在同一闭合应力条件下,无论是单相气体还是两相流体,裂缝宽度基本不影响支撑剂临界流速,表明裂缝中支撑剂颗粒的稳定性不随缝宽变化而改变,充填稳定;随着闭合应力增加,支撑剂充填层稳定性增加,临界产量增加,表明高闭合应力利于保持支撑剂的稳定性。

3. 裂缝长度

图 6 – 15 是在闭合应力为 25MPa、颗粒直径为 0.4mm 的情况下,临界流速或临界产量与裂缝长度的关系曲线。

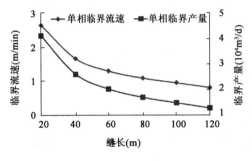

(a)单相流动下临界流速/临界产量与裂缝长度关系图

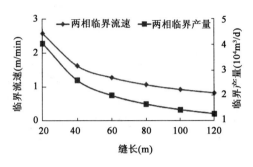

(b)两相流动下临界流速/临界产量与裂缝长度关系图

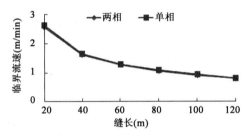

(c)单相与两相流动下相流动下临界流速/临界产量与裂缝长度关系对比

图 6 – 15   临界流速或临界产量与裂缝长度的关系

图 6 – 15(a)、图 6 – 15(b)结果表明,裂缝中无论是单相还是两相流动,随着缝长增加,临界流速降低;但它们之间的关系并不是线性的。当缝长小于 40m 时,临界回流速度随缝长增加而急剧下降;当缝长大于 40m 时,临界流速变化不明显,随着裂缝进一步增加,临界流速下降变慢。从图 6 – 15(c)可以看出两相流动对临界流速和缝长的关系没有影响。

4. 含水饱和度

含水饱和度是影响临界流速的关键因素,也是决定裂缝中流体是单相流动还是两相流动的基本条件。图 6 – 16 是闭合应力为 25MPa、裂缝缝宽为 6mm 的条件下,不同颗粒直径下临界流速或临界产量与含水饱和度的关系曲线。

由图 6 – 16 可以看出,随着含水饱和度增大,临界流速越来越小,充填层中支撑剂的稳定性变差,裂缝中支撑颗粒就更容易发生回流。当 $S_w = 0$ 时,流体变为单相气体流动,充填层最稳定,对于颗粒直径为 0.4mm 的支撑剂,临界流速为 5.1m/min;当支撑剂粒径为 0.2mm 时,临界流速为 3.7m/min。随着含水饱和度增大,临界流速急剧降低,当含水饱和度从 0 增加到 0.3 时,0.4mm 支撑剂颗粒的临界流速从 5.10m/min 下降到 1.91m/min;对应的临界产气量也随含水饱和度增加而减少,如图 6 – 16(b)所示。

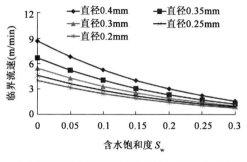

(a)单相气体流动时临界流速与含水饱和度的关系曲线

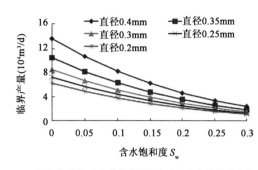

(b)单相气体流动时临界产量与含水饱和度的关系曲线

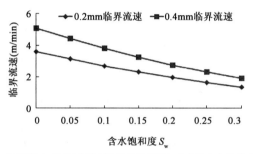

(c)两相流动时不同支撑剂粒径临界流速与含水饱和度的关系曲线

图6-16 临界流速或临界产量与含水饱和度的关系

图6-17是颗粒直径为0.4mm、裂缝缝宽为6mm,不同闭合应力条件下,单相临界流速和S_w的关系曲线。

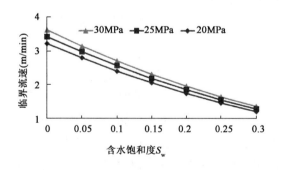

图6-17 不同闭合应力条件下,单相临界流速和S_w的关系曲线

图6-17表明,随着含水饱和度不断增加,临界流速越来越小;而随着闭合应力增加,支撑剂充填层的稳定性增加;闭合应力对临界流速有影响,但要小于S_w对临界流速的影响。

图6-18是颗粒直径为0.4mm、闭合压力为25MPa的条件下,不同缝宽和S_w对临界流速的影响。可以看出,6mm和8mm缝宽对临界流速的影响基本一致,二者基本重合,再次表明支撑剂充填层稳定性与缝宽没有直接关系。

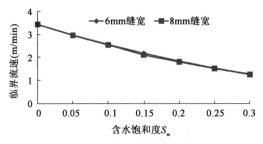

图 6 – 18　不同缝宽下临界流速与 S_w 的关系曲线

5. 地层温度

图 6 – 19 是闭合压力为 25MPa 与缝宽为 6mm 的条件下,温度对临界流速和临界产量的影响趋势。

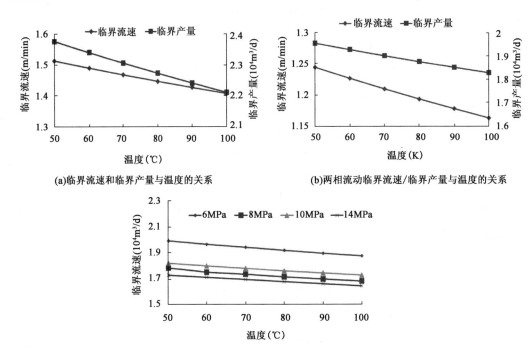

(a)临界流速和临界产量与温度的关系

(b)两相流动临界流速/临界产量与温度的关系

(c)单相流动、不同生产压差下临界流速与温度的关系曲线

图 6 – 19　临界流速或临界产量与温度的关系

由图 6 – 19 可知,在其他条件不变的情况下,储层温度越高,临界气流速度越低,充填层越不稳定。图 6 – 19(a)、图 6 – 19(b)反映了不同温度下临界流速的差异。可以看出,随着温度增加,临界流速降低,这是由于温度增加,气体黏度增大,体积随之变小,使得流动阻力变大,从而缝长方向上压力梯度增加,进而增大了拖曳力,导致支撑剂的临界流速变小。

6. 生产压差

图 6 – 20 是在闭合压力为 25MPa、缝宽为 6mm 条件下,临界流速和临界产量与生产压差关系曲线。

从图 6 – 20 可见,随着生产压差增加,支撑剂回流的临界流速和临界产量都在逐渐降低;

并且随着生产压差的增加,单相气体的临界流速大于两相流动的临界流速,这表明随着生产压差增加,导致 dp/dx 增大,使得产生拖曳力和拉伸强度都变大,最终使得支撑拱稳定性减弱、临界速度和产量减少。

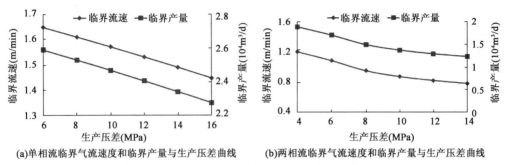

(a)单相流临界气流速度和临界产量与生产压差曲线　(b)两相流临界气流速度和临界产量与生产压差曲线

图6-20　临界流速和临界产量与生产压差的关系

在致密气藏压裂井返排过程中,必须权衡压裂液返排速度和控制支撑剂回流之间的权衡。生产压差增大,气井产量增大,同时生产压差增大,支撑拱稳定性减弱,导致气井中支撑剂回流的临界流速和临界产量减小。因此,如果一味追求返排初期的高产量,则极易引起支撑剂回流,最终导致在长期生产过程中裂缝导流能力降低,后期产量下降,并导致修井工作困难,且成本提高。因此,应该综合考虑初期高产和长期高产相结合,实现气井产量的合理配产。

7. 闭合压力

图6-21是表示在颗粒直径为 0.4mm、压差为 10MPa 条件下,两相流体临界流速和临界产量与闭合压力的关系曲线。

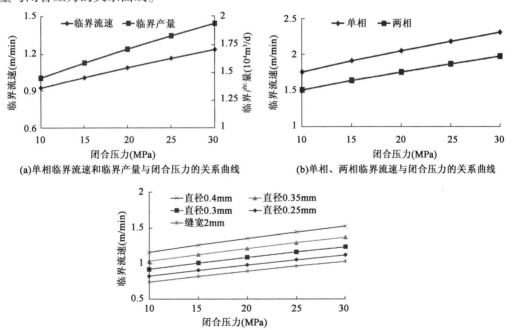

(a)单相临界流速和临界产量与闭合压力的关系曲线　(b)单相、两相临界流速与闭合压力的关系曲线

(c)不同缝宽条件下,临界流速与闭合压力的关系曲线

图6-21　临界流速和临界产量与闭合压力的关系

如图 6 - 21(a)所示,在裂缝宽度为 6mm 模拟结果中,随闭合压力增大,临界流速和临界产量增大;从图 6 - 21(b)可以看出,在同一闭合压力下,单相气体的临界流速要大于两相流体的临界流速;在图 6 - 21(c)中,临界流速随闭合压力和颗粒直径的增大而增大。综上所述可知:在同一闭合压力下,支撑剂颗粒直径越大,压力损耗越低,这是由于毛细管力越低、支撑剂充填层越稳定、不容易发生回流;而针对相同粒径的支撑剂,随着闭合应力增加,支撑剂在水平方向上的稳定性增强,临界流速提高。

参 考 文 献

[1] Asgian M I, Cundall P A, Brady B H G. The Mechanical Stability of Propped Hydraulic Fractures: A Numerical Study [J]. Journal of Petroleum Technology, 1995, 47(3): 203 - 208.

[2] Barree R D, Mukherjee H. Engineering criteria for fracture flowback procedures [R]. Presented at Low Permeability Reservoirs Symposium, 1995, SPE 29600.

[3] Hu J H, Zhao J Z, Li Y M. A proppant mechanical model in postfrac flowback treatment [J]. Journal of Natural Gas Science & Engineering, 2014, 20(2): 23 - 26.

[4] 傅英. 压裂气井生产过程中支撑剂回流机理研究[D]. 成都:西南石油大学,2006.

[5] 赵启宏. 煤层气井压后返排油嘴尺寸确定方法研究[D]. 成都:西南石油大学,2017.